罰則から見る 環境法・条例

環境担当者がリスクを 把握するための視点

安達宏之 著

第一法規

はじめに

全国様々な業種・規模の企業の環境法担当者と接していると、皆さんが「罰則」を強く意識していることに気づかされます。「○○に違反すると1年以下の懲役」などという法令原文を読めば、「何かあったら自分が捕まるかもしれない」と気になってしまうのは当然のことなのでしょう。

一方、ほとんどの皆さんは、必ずしも環境法を含む法律に詳しいわけではないと思います。そうした方々が、誤解しながら罰則を読んだり、あるいは過度に罰則（のみ）を意識したりすることにより、環境法対応の在り方として課題が出てくることがあります。

そこで、本書では、企業の担当者向けに、専門的な内容に偏らないように気をつけつつ、実務の参考になるように、環境法の罰則のポイントをできる限りわかりやすくまとめてみました。

実務において、法的な義務を守らせるために環境法がどのような仕組みになっているのかを知っておくことは、自社の法令遵守に向けた仕組みづくりや力点の置き方にプラスに働くことでしょう。

企業において環境法の対応業務というのは、脚光を浴びる仕事というよりも、地味な仕事と思われるかもしれません。しかし、本書で繰り返し指摘しているように、一歩間違えれば、罰則の適用（つまり警察による検挙）を含む、企業イメージの失墜につながりかねない事態に関連する仕事です。

昨今、SDGsやESG、カーボンニュートラルなど、企業を取り巻く環境動向は急速に変化しています。それらに正面から取組み、成果を出していくことも重要ですが、その大前提として、法令を遵守しなければなりません。法令違反をする企業が、いくらSDGsなどを提唱・実践しても、社会からの信頼を得ることはできないからです。

この20年間、筆者は、環境法対応に取り組む皆さんの仕事を近くで見てきました。いま筆者が言えることは、皆さんの仕事は、自社の企業価値を維持させ、サステナブルな社会に寄与する、大切でやりがいのあるものだということです。ぜひ誇りを持ってこの仕事に取り組み続けていただければと思います。

本書が、環境法研究者や弁護士の方々がまとめる"罰則本"とは相当に趣を異にするであろうことは想像に難くありません。また、筆者自身は企業向けの環境コンサルタントであり、日ごろの仕事では、罰則規定そのものに関わることはほとんどありませんので、筆者の力不足で不十分な記述箇所も少なくないかもしれません。

　ただ、前述した通り、環境法の罰則を気にする企業担当者が多い中で、そうした方々向けの小著が世の中に1冊くらいはあってもいいかなと思い、執筆に至りました。皆さんのお役に立つことを祈るばかりです。

　本書は、第一法規のセミナーにて話した内容をベースにして、それを大幅に加筆・修正したものです。このセミナー担当の菱沼登志美さんと友澤祐太さん、山田萌絵実さんにはいつも温かいサポートをいただき、そして編集担当の石川道子さんには今回も有益なアドバイスをいただきました。皆さんに心から御礼申し上げます。

　2023年1月

安達　宏之

目次

おわりに 〜さらに深く知りたい方へ

著者紹介

※本書は、原則、令和4年9月1日現在、施行している法令等の内容となっています。

第1部
環境法・条例と罰則

1 環境法違反の衝撃

罰則は適用されることがある!

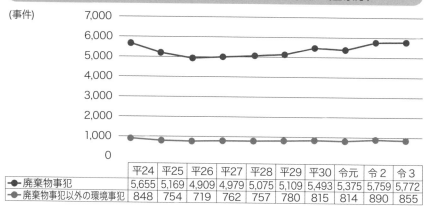

過去10年間における環境事犯の検挙事件数の推移 (警察庁)

(事件)

	平24	平25	平26	平27	平28	平29	平30	令元	令2	令3
●─ 廃棄物事犯	5,655	5,169	4,909	4,979	5,075	5,109	5,493	5,375	5,759	5,772
●─ 廃棄物事犯以外の環境事犯	848	754	719	762	757	780	815	814	890	855

出典 「生活経済事犯の検挙状況等について」(警察庁、令和3年・平成30年) より作成

https://www.npa.go.jp/safetylife/seikeikan/R03_seikatsukeizaijihan.pdf
https://www.npa.go.jp/publications/statistics/safetylife/seikeikan/H30_seikatukeizaijihann.pdf

▌発動される罰則規定

　政府の「電子政府の総合窓口」(通称「e-Gov (イーガブ)」と呼ばれています)の「e-Gov法令検索」にて、「法律」の用語を検索すると2,062件ヒットします(令和4年12月現在)。つまり、日本には、約2,000の法律があるわけです。これら法律には、罰則規定を定めているものもあれば、定めていないものもありますが、定めているものが相当数あることでしょう。

　ただし、罰則規定があるからといって、それらの法律のすべてにおいて現実に罰則が発動されるわけではありません。つまり、警察が動き、法に違反した者を検挙するということが、どの法律においても行われているわけでは、必ずしもないわけです。

　しかし、少なくても環境法の分野では、実際に罰則規定が発動されることがあります。

　上の図表は、過去10年間における「環境事犯」の検挙事件数の推移をまとめ

たものです。それによれば、環境事犯として検挙されている事件数は、全体で毎年約6,000〜7,000件となっています。かなり多くの事件が発生していると捉えるべきです。

また、この図表を見ると、環境事犯の中でも突出して「廃棄物事犯」が多いことも押さえておくべきポイントでしょう。「廃棄物事犯」、すなわち「廃棄物の処理及び清掃に関する法律」（廃棄物処理法）違反の事件が多いということです。

この法律は、後述するように、原則としてすべての事業者と事業所に適用されるものです。筆者の経験から見ても最も違反しやすいものですし、現実のデータにおいてもそれが示されています。警察もマークしている最重要の環境法と考えるべきです。

検挙事例とは？

では、検挙されている事件とは具体的にどのようなものでしょうか。

次ページでは、警察庁が過去数年間における環境事犯の検挙事例として掲げたもののうち、一般の事業者に関係が深そうなものをピックアップしてみました。

それを見ると、やはり廃棄物処理法違反が多いことに気づくとともに、明らかに確信犯と思われる事件が多いことがわかります。

実際に、過去の報道などから見ると、悪意をもって環境法に違反した事業者に対して、警察は強い姿勢で臨んでいます。

例えば、平成31年1月に大きな話題となった、愛知県で発生した事件を見てみましょう。いくつかの報道をまとめると、事件の概要と推移は次の通りです。

1月、愛知県警が、国内最大級の食品リサイクル工場（名古屋市）の社長（当時）と工場長代理2名を水質汚濁防止法違反の疑いで逮捕したと発表しました。この工場では、1年前に5回にわたり、COD（化学的酸素要求量）等の排水基準を超える汚水を名古屋港に排出した疑いがあったためです。これに対して、元社長は容疑を否認したものの、工場長代理はこれを認め、4〜5年前から夜中に行っていたということでした。

翌2月、名古屋簡易裁判所は、工場長代理に罰金50万円の略式命令を出しました。また、名古屋市は、廃棄物処理法に基づき施設の使用停止命令を出しま

した。そして、5月には、名古屋地方裁判所が、会社に罰金50万円、元社長に懲役6カ月（執行猶予3年）の判決を出し、12月には、同社は負債総額20億円で破産手続きに入ることになりました。

検挙事例（事件の概要）

令和3年

1 汚泥の不法投棄に係る廃棄物処理法違反事件

産業廃棄物処理業を営む者（66）らは、平成28年1月頃から令和元年8月頃までの間、自社の産業廃棄物中間処理施設において、公共下水道内に産業廃棄物である汚泥合計約3万6,850トンを放流させるなどした。

令和3年2月までに、3法人10人を廃棄物処理法違反（不法投棄等）で検挙した（神奈川）。

2 解体ゴミの不法投棄に係る廃棄物処理法違反事件

会社役員（77）らは、令和2年10月及び同年11月に7回にわたって、山林等において、産業廃棄物であるコンクリート片等合計約17.8トンを捨てた。

令和3年10月までに、2法人5人を廃棄物処理法違反（不法投棄）で検挙した（福岡）。

3 第一種フロン類の放出等に係るフロン排出抑制法違反事件

会社役員（40）らは、令和3年3月頃、営業所の解体工事に関して、エアコンディショナーに冷媒として充填されている第一種フロン類を大気中にみだりに放出するなどした。

同年11月、2法人3人をフロン排出抑制法違反（フロン類の放出の禁止等）で検挙した（警視庁）。

令和2年

1 鶏糞の不法投棄に係る廃棄物処理法違反事件

養鶏業の男（66）らは、平成28年5月頃から令和2年7月頃までの間、宮城県内の原野において、事業活動に伴って排出された産業廃棄物である採卵鶏のふん尿等合計約910.5トンを投棄した。

令和2年12月、1法人2人を廃棄物処理法違反（不法投棄）で検挙した（宮城）。

2 無許可処分業者らによる廃棄物処理法違反事件

コンクリート製品の製造販売会社の役員（47）らは、千葉県知事の許可を受けないで、平成31年1月から令和元年11月までの間、267回にわたり、同社の工場において、他の事業者から処分を委託された産業廃棄物であるがれき等合計約467.8立方メートルを破砕処理するなどした。

令和2年10月までに、5法人20人を廃棄物処理法違反（無許可処分業等）で検挙した（千葉）。

令和元年

1　解体業者らによる廃棄物処理法違反事件

　解体業者（62）らは、平成30年8月頃から9月までの間、太陽光発電開発工事現場において、廃棄物である石膏ボード破砕物等約36.5トンを埋め立て投棄した。

　平成31年4月までに、5人を廃棄物処理法違反（不法投棄）で逮捕した（宮城）。

2　食品廃棄物リサイクル業者による水質汚濁防止法違反事件

　会社役員（46）らは、平成30年9月から11月までの間、法定の特定施設である動物系飼料等の製造業の用に供する施設等を設置した工場の排水口から、法定の排出基準を超える窒素等を含有する排出水を公共用水域に排出した。

　平成31年2月までに、1法人2人を水質汚濁防止法違反（排出水の排出の制限）で検挙した（愛知）。

出典　「生活経済事犯の検挙状況等について」（警察庁、令和元年〜3年）から抜粋

https://www.npa.go.jp/safetylife/seikeikan/R03_seikatsukeizaijihan.pdf
https://www.npa.go.jp/publications/statistics/safetylife/seikeikan/R02_seikatsukeizaijihan.pdf
https://www.npa.go.jp/publications/statistics/safetylife/seikeikan/R01_seikatsukeizaijihan.pdf

▌悪意がなくても違反を問われることも

　令和2年2月、警視庁は、ある区役所が廃棄物処理法に違反した事件を発表しました。この事件を見ると、悪意がない個人や事業者でも検挙されることがあるとわかります。

　いくつかの報道をまとめると、事件の経緯は次の通りです。

　区では、平成27年から30年にかけて、運送会社などに対して、ピアノやエアコンなどの廃棄物の処理を委託していました。これら運送会社などは、産業廃棄物処理業の許可を持っていなかったので、無許可営業であり、引き取った運送会社なども、引取りを依頼した区もどちらも本法違反となります。

　法令違反に関わった職員は多数にのぼりました。警視庁が調べたところ、これら職員たちは「法令違反だとは思わなかった」などと供述したそうです。

　結局、警視庁は、区職員24人と法人としての区を廃棄物処理法違反（委託基準違反）で書類送検しました。また、処理を受託した運送会社など7社の役員ら7人と法人としての各社も書類送検しました。

　おそらくこれまで慣行で行われてきた業務であり、職員たちに悪意はなかったのでしょう。引き継いだ業務がまさか法令違反であったと想像すらしていなかったと思われます。しかし、知らなかったとしても、法令違反が明るみに出れば、こうした事態になりかねません。

2 そもそも罰則とは

「罰則」の基本のキ

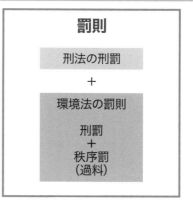

憲法と罰則

日本国憲法第31条 ⇒

何人も、法律の定める手続によらなければ、その生命若しくは自由を奪はれ、又はその他の刑罰を科せられない。

罰則

刑法の刑罰

＋

環境法の罰則

刑罰
＋
秩序罰
（過料）

憲法と刑法などに書かれている罰則

　罰則規定とは、「刑罰」や「過料」を科することを定めた規定のことをいいます。

　刑罰に関する法令の頂点に位置付けられているのは、わが国では日本国憲法となります。

　憲法第13条では、「すべて国民は、個人として尊重される。生命、自由及び幸福追求に対する国民の権利については、公共の福祉に反しない限り、立法その他の国政の上で、最大の尊重を必要とする。」と定めています。そもそも国民の自由を制約することになる刑罰は抑制的に設けられるべきものです。

　また、憲法第31条では、「何人も、法律の定める手続によらなければ、その生命若しくは自由を奪はれ、又はその他の刑罰を科せられない。」と定めています。これは、「罪刑法定主義」と呼ばれ、刑罰に関する基本的な考え方です。

　この憲法を頂点に、刑法において刑罰が定められています。また、環境法などの行政法においても刑罰が定められています。本書では、主に環境法の罰則

について解説しています。

　なお、刑法第8条では、「この編（引用者注：第一編の刑法総則を指す）の規定は、他の法令の罪についても、適用する。ただし、その法令に特別の規定があるときは、この限りでない。」と定められ、刑法総則の規定が、刑法以外の法令において定められた刑についても適用されることになっています。

刑罰と秩序罰

　刑罰とは、刑法第9条では、「死刑、懲役、禁錮、罰金、拘留及び科料を主刑とし、没収を付加刑とする。」と定められています。

　明治40年に刑法ができて以来、最近まで、こうした刑罰の種類は変わらないままでした。しかし、令和4年6月、刑法が改正され（令和4年法律第67号）、懲役刑や禁錮刑が廃止され、より柔軟に刑罰を運用できる「拘禁刑」が創設されました（公布の日から起算して3年を超えない範囲内において政令で定める日に施行）。

　また、「刑罰」という用語と並び、「過料」という用語がしばしば登場します。

　「過料」は、「かりょう」又は「あやまちりょう」と読みます。これは、刑罰ではなく、刑法総則や刑事訴訟法は適用されず、「秩序罰」と呼ばれます。行政上の秩序を乱す行為に科せられるものです。環境法の分野でも、過料の規定がよく登場します。

刑罰の種類

　刑法では、次の図表の通り、刑罰の種類を定めています。死刑、懲役、禁錮、罰金、拘留及び科料を主刑とし、没収を付加刑（併せて科される刑）としています。

　これを前提に、様々な法律においても罰則が定められています。

刑罰の種類

①全体像（現状）

死刑	・刑事施設内において、絞首して執行
懲役	・無期／有期（1カ月以上20年以下） ・刑事施設に拘置して所定の作業
禁錮	・無期／有期（1カ月以上20年以下） ・刑事施設に拘置
罰金	・1万円以上（減軽する場合1万円未満に下げることができる）
拘留	・1日以上30日未満 ・刑事施設に拘置
科料	・1,000円以上1万円未満
没収	・犯罪行為を組成した物などを没収。付加刑

②刑法の条文（現状）

刑法
第2章　刑

（刑の種類）
第9条　死刑、懲役、禁錮、罰金、拘留及び科料を主刑とし、没収を付加刑とする。

（刑の軽重）
第10条　主刑の軽重は、前条に規定する順序による。ただし、無期の禁錮と有期の懲役とでは禁錮を重い刑とし、有期の禁錮の長期が有期の懲役の長期の2倍を超えるときも、禁錮を重い刑とする。
②　同種の刑は、長期の長いもの又は多額の多いものを重い刑とし、長期又は多額が同じであるときは、短期の長いもの又は寡額の多いものを重い刑とする。
③　2個以上の死刑又は長期若しくは多額及び短期若しくは寡額が同じである同種の刑は、犯情によってその軽重を定める。

（死刑）
第11条　死刑は、刑事施設内において、絞首して執行する。
②　死刑の言渡しを受けた者は、その執行に至るまで刑事施設に拘置する。

（懲役）
第12条　懲役は、無期及び有期とし、有期懲役は、1月以上20年以下とする。
②　懲役は、刑事施設に拘置して所定の作業を行わせる。

（禁錮）

第13条　禁錮は、無期及び有期とし、有期禁錮は、1月以上20年以下とする。

② 　禁錮は、刑事施設に拘置する。

（有期の懲役及び禁錮の加減の限度）

第14条　死刑又は無期の懲役若しくは禁錮を減軽して有期の懲役又は禁錮とする場合に
　おいては、その長期を30年とする。

② 　有期の懲役又は禁錮を加重する場合においては30年にまで上げることができ、これ
　を減軽する場合においては1月未満に下げることができる。

（罰金）

第15条　罰金は、1万円以上とする。ただし、これを減軽する場合においては、1万円
　未満に下げることができる。

（拘留）

第16条　拘留は、1日以上30日未満とし、刑事施設に拘置する。

（科料）

第17条　科料は、1,000円以上1万円未満とする。

（労役場留置）

第18条　罰金を完納することができない者は、1日以上2年以下の期間、労役場に留置
　する。

② 　科料を完納することができない者は、1日以上30日以下の期間、労役場に留置す
　る。

③ 　罰金を併科した場合又は罰金と科料とを併科した場合における留置の期間は、3年
　を超えることができない。科料を併科した場合における留置の期間は、60日を超える
　ことができない。

④ 　罰金又は科料の言渡しをするときは、その言渡しとともに、罰金又は科料を完納す
　ることができない場合における留置の期間を定めて言い渡さなければならない。

⑤ 　罰金については裁判が確定した後30日以内、科料については裁判が確定した後10日
　以内は、本人の承諾がなければ留置の執行をすることができない。

⑥ 　罰金又は科料の一部を納付した者についての留置の日数は、その残額を留置1日の
　割合に相当する金額で除して得た日数（その日数に1日未満の端数を生じるときは、
　これを1日とする。）とする。

（没収）

第19条　次に掲げる物は、没収することができる。

(1) 犯罪行為を組成した物

(2) 犯罪行為の用に供し、又は供しようとした物

(3) 犯罪行為によって生じ、若しくはこれによって得た物又は犯罪行為の報酬として得た物

(4) 前号に掲げる物の対価として得た物

② 没収は、犯人以外の者に属しない物に限り、これをすることができる。ただし、犯人以外の者に属する物であっても、犯罪の後にその者が情を知って取得したものであるときは、これを没収することができる。

（追徴）

第19条の2　前条第1項第3号又は第4号に掲げる物の全部又は一部を没収することができないときは、その価額を追徴することができる。

（没収の制限）

第20条　拘留又は科料のみに当たる罪については、特別の規定がなければ、没収を科することができない。ただし、第19条第1項第1号に掲げる物の没収については、この限りでない。

（未決勾留日数の本刑算入）

第21条　未決勾留の日数は、その全部又は一部を本刑に算入することができる。

③現在の刑法の第2章と改正後の刑法の第2章（新旧対照表。令和4年6月17日法律第67号により、公布の日から起算して3年を超えない範囲内において政令で定める日から変更される箇所）

【旧】	【新】
○刑法 [明治40年4月24日法律第45号] ： ： 《略》 ：	○刑法 [明治40年4月24日法律第45号] ： ： 《略》 ：
（刑の種類） 第9条　死刑、懲役、禁錮、罰金、拘留及び科料を主刑とし、没収を付加刑とする。	（刑の種類） 第9条　死刑、拘禁刑、罰金、拘留及び科料を主刑とし、没収を付加刑とする。
（刑の軽重） 第10条　主刑の軽重は、前条に規定する順序による。ただし、無期の禁錮と有期の懲役とでは禁錮を重い刑とし、有期の禁錮の長期が有期の懲役の長期の2倍を超えるときも、禁錮を重い刑とする。 ： 《略》 ：	（刑の軽重） 第10条　主刑の軽重は、前条に規定する順序による。 ： 《略》 ：
（懲役） 第12条　懲役は、無期及び有期とし、有期懲役は、1月以上20年以下とする。 2　懲役は、刑事施設に拘置して所定の作業を行わせる。	（拘禁刑） 第12条　拘禁刑は、無期及び有期とし、有期拘禁刑は、1月以上20年以下とする。 2　拘禁刑は、刑事施設に拘置する。 3　拘禁刑に処せられた者には、改善更生を図るため、必要な作業を行わせ、又は必要な指導を行うことができる。
（禁錮） 第13条　禁錮は、無期及び有期とし、有期禁錮は、1月以上20年以下とする。 2　禁錮は、刑事施設に拘置する。	第13条　削除〔令和4年6月法律67号〕
（有期の懲役及び禁錮の加減の限度） 第14条　死刑又は無期の懲役若しくは禁錮を減軽して有期の懲役又は禁錮とする場合においては、その長期を30年とする。 2　有期の懲役又は禁錮を加重する場合においては30年にまで上げることができ、これを減軽する場合においては1月未満に下げることができる。 ： 《略》 ：	（有期拘禁刑の加減の限度） 第14条　死刑又は無期拘禁刑を減軽して有期拘禁刑とする場合においては、その長期を30年とする。 2　有期拘禁刑を加重する場合においては30年にまで上げることができ、これを減軽する場合においては1月未満に下げることができる。 ： 《略》 ：
（拘留） 第16条　拘留は、1日以上30日未満とし、刑事・・ 《略》・・	（拘留） 第16条　拘留は、1日以上30日未満とし、刑事・・ 《略》・・ 2　拘留に処せられた者には、改善更生を図るため、必要な作業を行わせ、又は必要な指導を行うことができる。

憲法の人権「人身の自由」

　日常生活の中で、警察に検挙される事態に接する人はほとんどいません。そうした中で、環境法への対応業務の中で法令の罰則規定を読み、「1年以上の懲役又は100万円以下の罰金」などの文言が目に入ると、少なからず恐怖を感じる方も少なくないでしょう。

　もちろん、罰則規定がある以上は、最後の手段として罰則が適用され、検挙されるということもありえます。ただし、私たち国民には「人身の自由」という人権があり、手厚い人権保障があることも忘れるべきではありません。

　日本国憲法は、戦前の官憲による人権無視の強引な捜査・取締りへの反省から、法律の定める手続きがなければ刑罰が科されないなど（憲法第31条）、不当に身体を拘束されない人権として、「人身の自由」を定めています。

　憲法が定める人身の自由や裁判を受ける権利等は、次のとおりです。企業実務においては、なかなか見ることが少ない憲法の条文ですが、罰則の「基本のキ」となりますので、目を通してみてください。

日本国憲法の「人身の自由」と裁判を受ける権利等

〔奴隷的拘束及び苦役からの自由〕

第18条　何人も、いかなる奴隷的拘束も受けない。又、犯罪に因る処罰の場合を除いては、その意に反する苦役に服させられない。

〔生命及び自由の保障と科刑の制約〕

第31条　何人も、法律の定める手続によらなければ、その生命若しくは自由を奪はれ、又はその他の刑罰を科せられない。

〔裁判を受ける権利〕

第32条　何人も、裁判所において裁判を受ける権利を奪はれない。

〔逮捕の制約〕

第33条　何人も、現行犯として逮捕される場合を除いては、権限を有する司法官憲が発し、且つ理由となつてゐる犯罪を明示する令状によらなければ、逮捕されない。

〔抑留及び拘禁の制約〕

第34条　何人も、理由を直ちに告げられ、且つ、直ちに弁護人に依頼する権利を与へられなければ、抑留又は拘禁されない。又、何人も、正当な理由がなければ、拘禁されず、要求があれば、その理由は、直ちに本人及びその弁護人の出席する公開の法廷で

示されなければならない。

〔侵入、捜索及び押収の制約〕
第35条　何人も、その住居、書類及び所持品について、侵入、捜索及び押収を受けることのない権利は、第33条の場合を除いては、正当な理由に基いて発せられ、且つ捜索する場所及び押収する物を明示する令状がなければ、侵されない。
②　捜索又は押収は、権限を有する司法官憲が発する各別の令状により、これを行ふ。

〔拷問及び残虐な刑罰の禁止〕
第36条　公務員による拷問及び残虐な刑罰は、絶対にこれを禁ずる。

〔刑事被告人の権利〕
第37条　すべて刑事事件においては、被告人は、公平な裁判所の迅速な公開裁判を受ける権利を有する。
②　刑事被告人は、すべての証人に対して審問する機会を充分に与へられ、又、公費で自己のために強制的手続により証人を求める権利を有する。
③　刑事被告人は、いかなる場合にも、資格を有する弁護人を依頼することができる。被告人が自らこれを依頼することができないときは、国でこれを附する。

〔自白強要の禁止と自白の証拠能力の限界〕
第38条　何人も、自己に不利益な供述を強要されない。
②　強制、拷問若しくは脅迫による自白又は不当に長く抑留若しくは拘禁された後の自白は、これを証拠とすることができない。
③　何人も、自己に不利益な唯一の証拠が本人の自白である場合には、有罪とされ、又は刑罰を科せられない。

〔遡及処罰、二重処罰等の禁止〕
第39条　何人も、実行の時に適法であつた行為又は既に無罪とされた行為については、刑事上の責任を問はれない。又、同一の犯罪について、重ねて刑事上の責任を問はれない。

〔刑事補償〕
第40条　何人も、抑留又は拘禁された後、無罪の裁判を受けたときは、法律の定めるところにより、国にその補償を求めることができる。

3 国の法律に違反するとどうなるか

強制力を担保するため罰則などがある

強制力を担保するための規定の例

振動規制法
- ●特定施設設置の未届出　➡　罰則
- ●報告徴収・立入検査拒否　➡　罰則
- ●規制基準遵守違反　➡　改善勧告　→　改善命令　→　罰則

プラスチック資源循環法
- ●排出事業者の排出抑制・再資源化等の促進
　　　　　➡　主務大臣の指導・助言
- ●多量排出事業者の著しく不十分な取組み
　　　　　➡　勧告　→　公表　→　命令　→　罰則

強制力を担保するための規定

罰則は、なぜ必要なのでしょうか。

端的に言えば、法令に書かれた義務を遵守させるためです。そうした強制力を担保するための規定がなければ、義務を果たさない者が出てきても不思議ではありません。義務違反を予防する効果があります。

ただし、だからと言ってすべての義務に罰則規定があるわけではありません。憲法上の規定から、罰則規定を設けることにはできる限り慎重であるべきですし（p.6参照）、義務を遵守させる手段として、罰則以外に効果的・効率的なものがあれば、それを活用すればいいからです。

実際の法律を読むと、義務規定に違反したらどんなときでも直ちに罰則が適用されるわけではないことがわかります。また、罰則規定がない義務的な規定もあります。

ここでは、いくつかの法律を取り上げながら、罰則を含む、義務を遵守させる規定の事例を見てみましょう。

振動規制法の例

　前ページの図表のように、振動規制法では、指定地域内において工場・事業場に特定施設を設置しようとする者に対して、設置30日前までに市町村長に届け出ることを義務付けています。この特定施設の届出をせず、又は虚偽の届出をした者には、30万円以下の罰金に処するなどの罰則があります。

　また、市町村長は、この法律の施行に必要な限度において、特定施設を設置する者等に対し、特定施設の状況など必要な事項の報告を求め、又はその職員に、特定工場等に立ち入り、特定施設その他の物件を検査させることができます。これに違反して報告をしなかったり、立入検査を拒んだりした場合などについては、10万円以下の罰金に処するなどの罰則があります。

　以上の二つの措置は、違反したことに対して罰則が直ちに適用されるシンプルなものとなっています。

　これに対して、特定工場等に係る規制基準の遵守を担保するための規定は少々複雑です。

　規制基準に違反して振動を発生させた場合、直ちに罰則が適用されるわけではありません。市町村長は、まず、期限を定めて、その事態を除去するために必要な限度において、振動の防止の方法を改善し、又は特定施設の使用の方法若しくは配置を変更すべきことを勧告します。

　そして、それでもその勧告に従わないときは、期限を定めて、その勧告に従うべきことを命ずることになります。そうした改善命令にすらも従わないとき、ようやく罰則を適用することができます。

　その罰則の量刑は、1年以下の懲役又は50万円以下の罰金等となり、かなり重い罰則となります。

プラスチック資源循環法の例①
～「指導・助言」をどう捉えるか？

　「プラスチックに係る資源循環の促進等に関する法律」（プラスチック資源循環法）には、排出事業者による排出の抑制及び再資源化等の規定があります（小規模企業者等は除かれています）。

　ここでは、主務大臣がプラスチック使用製品産業廃棄物等の排出事業者の判断の基準となるべき事項を定めるとともに、必要と認めるときは、排出事業者

に対して、この判断基準を勘案して、プラスチック使用製品産業廃棄物等の排出の抑制及び再資源化等について必要な「指導及び助言」をすることができるという規定があります。

「指導」や「助言」は、環境法で時折耳にする用語です。これらは、いずれも法的拘束力を持つものではありません。この規定に"違反"した場合の罰則等ももちろん設けられていません。

ちなみに、行政手続法では、次の通り、これらを行政指導の一つとして捉えています。

行政手続法

第2条

⑹　行政指導　行政機関がその任務又は所掌事務の範囲内において一定の行政目的を実現するため特定の者に一定の作為又は不作為を求める指導、勧告、助言その他の行為であって処分に該当しないものをいう。

ただし、わが国は行政の力が強い国です。一般の事業者にとって、法的拘束力や罰則規定がないからといって、指導等を無視するということもなかなか難しいことでしょう。事実上、判断基準に沿った対応を促しているわけです。

さらに、「排出事業者」の枠からは小規模企業者等を除いており、対象を限定的に捉えているので、単に一般的・総則的な排出事業者の責務を定めているものと捉える難しさも加味すると、排出事業者にはやはり判断基準に沿った排出抑制等の取組みが求められると考えておくべきだと思われます。

プラスチック資源循環法の例②
～排出事業者への罰則規定

本法では、排出事業者への罰則規定も整備しています。

前年度におけるプラスチック使用製品産業廃棄物等の排出量が250t以上である排出事業者は「多量排出事業者」に該当します。

主務大臣は、多量排出事業者のプラスチック使用製品産業廃棄物等の排出の抑制及び再資源化等の状況が判断基準に照らして著しく不十分であると認めるときは、必要な措置をとるべき旨の勧告をすることができます。

多量排出事業者がその勧告に従わなかったとき、主務大臣はその旨を公表することができます。

さらに、公表後もなお、正当な理由がなくてその勧告に係る措置をとらなかった場合には、審議会等の意見を聴いた上で、勧告に係る措置をとるべきことを命ずることができます。命令に違反した場合には、50万円以下の罰金に処するなどの罰則もあります。

　このように、強制力を担保等するための規定の内容は様々です。義務規定を確認する際には、その義務の内容とともに、それに違反したときにどのような罰則がどのようなフローで適用されるのかを慎重に見ていくとよいでしょう。

4 自治体の条例に違反するとどうなるか

限定的ながら罰則などがある

憲法と地方自治法

| 日本国憲法 | ➡ | 地方自治体は法律の範囲内で条例を制定できる |

| 地方自治法 | ➡ | ①法令に違反しない限り、条例を制定できる |

②義務を課し又は権利を制限するには条例によらなければならない

③条例に違反した場合、2年以下の懲役若しくは禁錮、100万円以下の罰金、拘留、科料若しくは没収の刑又は5万円以下の過料を科する旨の規定を設けることができる

➡ 様々な自治体が多様な条例を整備（罰則規定も整備）

環境法における「条例」の重要性

　わが国においてまず注視されるべき法令は、言うまでもなく国の法律です。環境法の分野でもそれは同じことです。

　しかし、国の法律だけを見ていればよいというわけではありません。都道府県や市町村などの地方自治体も条例を定めることがあるからです。

　特に環境法の分野においては、地方自治体が定める条例が多く、独自規制が数多くあります。公害防止対策として、国の法律の規制対象施設以外の施設に対しても規制するという公害防止条例や生活環境保全条例については、全都道府県で制定されています。それ以外にも、地球温暖化対策推進条例や産業廃棄物適正処理条例など、テーマごとに条例が制定される場合も少なくありません（なお、条例の名称は、自治体によって様々です）。

　そして、これら条例には、罰則規定が設けられていることも多いのです。

憲法で保障されている地方自治体の法令、「条例」とは？

日本国憲法では、地方自治について次の規定を設けています。

日本国憲法
第8章　地方自治
第92条　地方公共団体の組織及び運営に関する事項は、地方自治の本旨に基いて、法律でこれを定める。

第93条　地方公共団体には、法律の定めるところにより、その議事機関として議会を設置する。
②　地方公共団体の長、その議会の議員及び法律の定めるその他の吏員は、その地方公共団体の住民が、直接これを選挙する。

第94条　地方公共団体は、その財産を管理し、事務を処理し、及び行政を執行する権能を有し、法律の範囲内で条例を制定することができる。

第95条　一の地方公共団体のみに適用される特別法は、法律の定めるところにより、その地方公共団体の住民の投票においてその過半数の同意を得なければ、国会は、これを制定することができない。

　この中で特に有名な用語は、第92条の「地方自治の本旨」でしょう。「地方自治の本旨」とは、住民自治と団体自治の二つの要素から成るものです。住民自治とは、住民の意思に基づき自治が行われることであり、団体自治とは、国から独立した団体が自らの意思で自治を行うことです。

条例の罰則には上限がある

　その上で、第94条では、自治体が「法律の範囲内」で条例を制定できることを認めています。
　さらに、この第94条を受けて、地方自治法では、次の条文が定められています。

地方自治法
第14条　普通地方公共団体は、法令に違反しない限りにおいて第2条第2項の事務に関し、条例を制定することができる。
②　普通地方公共団体は、義務を課し、又は権利を制限するには、法令に特別の定めが

ある場合を除くほか、条例によらなければならない。

③　普通地方公共団体は、法令に特別の定めがあるものを除くほか、その条例中に、条例に違反した者に対し、2年以下の懲役若しくは禁錮、100万円以下の罰金、拘留、科料若しくは没収の刑又は5万円以下の過料を科する旨の規定を設けることができる。

　ここで注目すべきは、第14条第3項です。罰則規定を設ける場合、その量刑の上限を定めています。

　例えば、ここでは懲役を「2年以下」と定めていますが、刑法の上限は「20年以下」です（刑法第12条第1項）。かなり限定的に枠組みを定めていると言えるでしょう。個々の環境条例の罰則では、すべてこの枠内で量刑が定められています。

環境条例の罰則の例

　こうした枠組みの中で、環境条例では罰則を定めています。

　和歌山県の「産業廃棄物の保管及び土砂等の埋立て等の不適正処理防止に関する条例」では、排出場所以外で大規模に産業廃棄物を保管する場合の届出や、大規模に土砂等を埋立てする場合の許可を定めています。

　条例の義務規定に違反した場合、次の罰則規定があります。

和歌山県産業廃棄物保管・土砂等埋立て等不適正処理防止条例の罰則規定

罰則規定	違反事項の例
第42条　次の各号のいずれかに該当する者は、1年以下の懲役又は100万円以下の罰金に処する。 (1)　第17条第2項若しくは第3項、第18条第3項、第34条第1項又は第35条第1項若しくは第2項の規定による命令に違反した者 (2)　第19条第1項又は第24条第1項の規定に違反して特定事業を行った者	土地所有者が知事による土砂埋立ての停止命令に違反した場合など
第43条　第12条第1項の規定による命令に違反した者は、6月以下の懲役又は50万円以下の罰金に処する。	知事による産業廃棄物の搬入一時停止命令に違反した場合など
第44条　次の各号のいずれかに該当する者は、50万円以下の罰金に処する。 (1)　第29条又は第30条第3項の規定による報告をせず、又は虚偽の報	特定事業に使用された土砂等の量の報告をしなかった

告をした者 ⑵　第30条第1項又は第2項の規定による検査を行わなかった者	場合など
第45条　次の各号のいずれかに該当する者は、30万円以下の罰金に処する。 ⑴　第7条の規定による届出をせず、又は虚偽の届出をして産業廃棄物の保管を行った者 ⑵　第9条第1項の規定による届出をせず、又は虚偽の届出をして同項に規定する事項を変更した者 ⑶　第9条第2項、第10条、第25条、第32条第1項又は第33条第2項の規定による届出をせず、又は虚偽の届出をした者 ⑷　第11条又は第27条の規定に違反して管理簿を作成せず、これに虚偽の記録をし、又はこれを保存しなかった者 ⑸　第26条の規定による届出をせず、又は虚偽の届出をして土砂等の搬入を行った者 ⑹　第32条第2項の規定による届出をせず、又は虚偽の届出をして特定事業を休止した者 ⑺　第32条第8項の規定による届出をせず、又は虚偽の届出をして特定事業を再開した者 ⑻　第36条第2項の規定に違反して書類の写しを保存しなかった者 ⑼　第38条の規定による報告をせず、又は虚偽の報告をした者 ⑽　第39条第1項の規定による立入検査若しくは収去を拒み、妨げ、若しくは忌避し、又は質問に対して陳述せず、若しくは虚偽の陳述をした者	排出場所以外で産業廃棄物を大規模に保管する際の届出をしなかった場合など
（両罰規定） 第46条　法人の代表者又は法人若しくは人の代理人、使用人その他の従業員が、その法人又は人の業務に関し、前4条の違反行為をしたときは、行為者を罰するほか、その法人又は人に対して、各本条の罰金刑を科する。	－

5 罰則にはどのようなものがあるか

法律の後半部分を読む

水質汚濁防止法の構成

章	章タイトル	条
第1章	総則	第1条・第2条
第2章	排出水の排出の規制等	第3条～第14条の4
第2章の2	生活排水対策の推進	第14条の5～第14条の11
第3章	水質の汚濁の状況の監視等	第15条～第18条
第4章	損害賠償	第19条～第20条の5
第5章	雑則	第21条～第29条
第6章	罰則	第30条～第35条
附則	―	―

> 法律の最終章に罰則規定はある

法律の後半部分に罰則はある

　罰則は、法律の後半部分にあるのが一般的です。法律の本文は、第1条、第2条、第3条と、条ごとに文章化されていますが、書籍のように、条を「章」にまとめる場合もあります。その場合、最終章は「第○章　罰則」となっていることでしょう。

　上の図表の通り、水質汚濁防止法の本則は、全6章、第1条から第35条までの条文から成っています。このうち、罰則は最終章の第6章であり、第30条から第35条までとなります。

　罰則の各条文については、法律の別の箇所に定められている義務規定の条項等を掲げ、それに違反した場合の法定刑を定めています。

　例えば、水質汚濁防止法第32条では、「第5条又は第7条の規定による届出をせず、又は虚偽の届出をした者は、3月以下の懲役又は30万円以下の罰金に処する。」と定め、「第5条」の規定内容をここでは明示していません。

　そこで、第5条（第1項）を読むと、「工場又は事業場から公共用水域に水を排出する者は、特定施設を設置しようとするときは、環境省令で定めるとこ

ろにより、次の事項……を都道府県知事に届け出なければならない。……」とあるので、特定施設の設置時の届出をしなかった場合などに本罰則が適用されることがわかるのです。

水質汚濁防止法の罰則規定と関連する義務規定

では、水質汚濁防止法の罰則規定と関連する義務規定を見てみましょう（同法の罰則規定のポイントについては、第2部4で紹介します）。

次の表では、左列に本法の各罰則規定を並べ、右列にそれぞれに関連する義務規定を整理しています。このように、罰則規定は、単独で読むものではなく、罰則の条文の中で取り上げている別の条文を確認することにより、その意味がわかることになります。

以下、少し長めの紹介となりますが、罰則と関連する義務規定がどのように対応しているかを把握し、犯罪の構成要件を明確に把握できるようになると、罰則を読むのがとても楽になりますので掲げておきます。最初はさっと目を通すだけでかまわないので、読んでみてください。

水質汚濁防止法の罰則規定と関連する義務規定

罰則規定		関連する義務規定	
第30条	第8条、第8条の2、13条第1項若しくは第3項、第13条の2第1項、第13条の3第1項又は第14条の3第1項若しくは第2項の規定による命令に違反した者は、1年以下の懲役又は100万円以下の罰金に処する。	第8条	① 都道府県知事は、第5条第1項若しくは第2項の規定による届出又は前条の規定による届出（第5条第1項第4号若しくは第6号から第9号までに掲げる事項又は同条第2項第4号から第8号までに掲げる事項の変更に係るものに限る。）があつた場合において、排出水の汚染状態が当該特定事業場の排水口（排出水を排出する場所をいう。以下同じ。）においてその排出水に係る排水基準（第3条第1項の排水基準（同条第3項の規定により排水基準が定められた場合にあつては、その排水基準を含む。）をいう。以下単に「排水基準」という。）に適合しないと認めるとき、又は特定地下浸透水が有害物質を含むものとして環境省令で定める要件に該当すると認めるときは、その届出を受理した日から60日以内に限り、その届出をした者に対し、そ

の届出に係る特定施設の構造若しくは使用の方法若しくは汚水等の処理の方法に関する計画の変更（前条の規定による届出に係る計画の廃止を含む。）又は第5条第1項若しくは第2項の規定による届出に係る特定施設の設置に関する計画の廃止を命ずることができる。

② 都道府県知事は、第5条の規定による届出があつた場合（同条第2項の規定による届出があつた場合を除く。）又は前条の規定による届出（第5条第1項第4号から第9号までに掲げる事項又は同条第3項第3号から第6号までに掲げる事項の変更に係るものに限る。）があつた場合において、その届出に係る有害物質使用特定施設又は有害物質貯蔵指定施設が第12条の4の環境省令で定める基準に適合しないと認めるときは、その届出を受理した日から60日以内に限り、その届出をした者に対し、その届出に係る有害物質使用特定施設若しくは有害物質貯蔵指定施設の構造、設備若しくは使用の方法に関する計画の変更（前条の規定による届出に係る計画の廃止を含む。）又は第5条第1項若しくは第3項の規定による届出に係る有害物質使用特定施設若しくは有害物質貯蔵指定施設の設置に関する計画の廃止を命ずることができる。

第8条の2	都道府県知事は、第5条第1項の規定による届出又は第7条の規定による届出（同項第4号又は第6号から第9号までに掲げる事項の変更に係るものに限る。）があつた場合において、その届出に係る特定施設が設置される指定地域内事業場（工場又は事業場で、当該特定施設の設置又は構造等の変更により新たに指定地域内事業場となるものを含む。）について、当該指定地域内事業場から排出される排出水の汚濁負荷量が総量規制基準に適合しないと認めるときは、その届出を受理した日から60日以内に限り、当該指定地域内事業場の設置者に対し、当該指定地域内事業場における汚水又は廃液の処理の方法の改善その他必要な措置を採るべきことを命ずることができる。
第13条第1項	都道府県知事は、排出水を排出する者が、その汚染状態が当該特定事業場の排水口において排

		水基準に適合しない排出水を排出するおそれが あると認めるときは、その者に対し、期限を定 めて特定施設の構造若しくは使用の方法若しく は汚水等の処理の方法の改善を命じ、又は特定 施設の使用若しくは排出水の排出の一時停止を 命ずることができる。
	第13条第 3項	都道府県知事は、その汚濁負荷量が総量規制基 準に適合しない排出水が排出されるおそれがあ ると認めるときは、当該排出水に係る指定地域 内事業場の設置者に対し、期限を定めて、当該 指定地域内事業場における汚水又は廃液の処理 の方法の改善その他必要な措置を採るべきこと を命ずることができる。
	第13条の 2第1項	都道府県知事は、第12条の3に規定する者が、 第8条の環境省令で定める要件に該当する特定 地下浸透水を浸透させるおそれがあると認める ときは、その者に対し、期限を定めて特定施設 （指定地域特定施設を除く。以下この条におい て同じ。）の構造若しくは使用の方法若しくは 汚水等の処理の方法の改善を命じ、又は特定施 設の使用若しくは特定地下浸透水の浸透の一時 停止を命ずることができる。
	第13条の 3第1項	都道府県知事は、有害物質使用特定施設を設置 している者又は有害物質貯蔵指定施設を設置し ている者が第12条の4の基準を遵守していない と認めるときは、その者に対し、期限を定めて 当該有害物質使用特定施設若しくは有害物質貯 蔵指定施設の構造、設備若しくは使用の方法の 改善を命じ、又は当該有害物質使用特定施設若 しくは有害物質貯蔵指定施設の使用の一時停止 を命ずることができる。
	第14条の 3第1項	都道府県知事は、特定事業場又は有害物質貯蔵 指定施設を設置する工場若しくは事業場（以下 この条及び第22条第1項において「有害物質貯 蔵指定事業場」という。）において有害物質に 該当する物質を含む水の地下への浸透があつた ことにより、現に人の健康に係る被害が生じ、 又は生ずるおそれがあると認めるときは、環境 省令で定めるところにより、その被害を防止す るため必要な限度において、当該特定事業場又 は有害物質貯蔵指定事業場の設置者（相続、合 併又は分割によりその地位を承継した者を含 む。）に対し、相当の期限を定めて、地下水の

			水質の浄化のための措置をとることを命ずることができる。ただし、その者が、当該浸透があつた時において当該特定事業場又は有害物質貯蔵指定事業場の設置者であつた者と異なる場合は、この限りでない。
		第14条の3第2項	前項本文に規定する場合において、都道府県知事は、同項の浸透があつた時において当該特定事業場又は有害物質貯蔵指定事業場の設置者であつた者（相続、合併又は分割によりその地位を承継した者を含む。）に対しても、同項の措置をとることを命ずることができる。
第31条	次の各号のいずれかに該当する者は、6月以下の懲役又は50万円以下の罰金に処する。 ⑴　第12条第1項の規定に違反した者 ⑵　第14条の2第4項又は第18条の規定による命令に違反した者 ②　過失により、前項第1号の罪を犯した者は、3月以下の禁錮又は30万円以下の罰金に処する。	第12条第1項	排出水を排出する者は、その汚染状態が当該特定事業場の排水口において排水基準に適合しない排出水を排出してはならない。
		第14条の2第4項	都道府県知事は、特定事業場の設置者、指定事業場の設置者又は貯油事業場等の設置者が前3項の応急の措置を講じていないと認めるときは、これらの者に対し、これらの規定に定める応急の措置を講ずべきことを命ずることができる。
		第18条	都道府県知事は、当該都道府県の区域に属する公共用水域の一部の区域について、異常な渇水その他これに準ずる事由により公共用水域の水質の汚濁が著しくなり、人の健康又は生活環境に係る被害が生ずるおそれがある場合として政令で定める場合に該当する事態が発生したときは、その事態を一般に周知させるとともに、環境省令で定めるところにより、その事態が発生した当該一部の区域に排出水を排出する者に対し、期間を定めて、排出水の量の減少その他必要な措置をとるべきことを命ずることができる。
第32条	第5条又は第7条の規定による届出をせず、又は虚偽の届出をした者は、3月以下の懲役又は30万円以下の罰金に処する。	第5条	①　工場又は事業場から公共用水域に水を排出する者は、特定施設を設置しようとするときは、環境省令で定めるところにより、次の事項（特定施設が有害物質使用特定施設に該当しない場合又は次項の規定に該当する場合にあつては、第5号を除く。）を都道府県知事に届け出なければならない。 ⑴　氏名又は名称及び住所並びに法人にあつては、その代表者の氏名 ⑵　工場又は事業場の名称及び所在地

　⑶　特定施設の種類

　⑷　特定施設の構造

　⑸　特定施設の設備

　⑹　特定施設の使用の方法

　⑺　汚水等の処理の方法

　⑻　排出水の汚染状態及び量（指定地域内の
工場又は事業場に係る場合にあつては、排
水系統別の汚染状態及び量を含む。）

　⑼　その他環境省令で定める事項

②　工場又は事業場から地下に有害物質使用特
定施設に係る汚水等（これを処理したものを
含む。）を含む水を浸透させる者は、有害物
質使用特定施設を設置しようとするときは、
環境省令で定めるところにより、次の事項を
都道府県知事に届け出なければならない。

　⑴　氏名又は名称及び住所並びに法人にあつ
ては、その代表者の氏名

　⑵　工場又は事業場の名称及び所在地

　⑶　有害物質使用特定施設の種類

　⑷　有害物質使用特定施設の構造

　⑸　有害物質使用特定施設の使用の方法

　⑹　汚水等の処理の方法

　⑺　特定地下浸透水の浸透の方法

　⑻　その他環境省令で定める事項

③　工場若しくは事業場において有害物質使用
特定施設を設置しようとする者（第一項に規
定する者が特定施設を設置しようとする場合
又は前項に規定する者が有害物質使用特定施
設を設置しようとする場合を除く。）又は工
場若しくは事業場において有害物質貯蔵指定
施設（指定施設（有害物質を貯蔵するものに
限る。）であつて当該指定施設から有害物質
を含む水が地下に浸透するおそれがあるもの
として政令で定めるものをいう。以下同
じ。）を設置しようとする者は、環境省令で
定めるところにより、次の事項を都道府県知
事に届け出なければならない。

　⑴　氏名又は名称及び住所並びに法人にあつ
ては、その代表者の氏名

　⑵　工場又は事業場の名称及び所在地

　⑶　有害物質使用特定施設又は有害物質貯蔵
指定施設の構造

　⑷　有害物質使用特定施設又は有害物質貯蔵
指定施設の設備

			⑤　有害物質使用特定施設又は有害物質貯蔵指定施設の使用の方法
			⑥　その他環境省令で定める事項
		第7条	第5条又は前条の規定による届出をした者は、その届出に係る第5条第1項第4号から第9号までに掲げる事項、同条第2項第4号から第8号までに掲げる事項又は同条第3項第3号から第6号までに掲げる事項の変更をしようとするときは、環境省令で定めるところにより、その旨を都道府県知事に届け出なければならない。
第33条	次の各号のいずれかに該当する者は、30万円以下の罰金に処する。 ⑴　第6条の規定による届出をせず、又は虚偽の届出をした者 ⑵　第9条第1項の規定に違反した者 ⑶　第14条第1項、第2項又は第5項の規定に違反して、記録をせず、虚偽の記録をし、又は記録を保存しなかつた者 ⑷　第22条第1項若しくは第2項の規定による報告をせず、若しくは虚偽の報告をし、又は同条第1項の規定による検査を拒み、妨げ、若しくは忌避した者	第6条	①　一の施設が特定施設（指定地域特定施設を除く。以下この項において同じ。）となつた際現にその施設を設置している者（設置の工事をしている者を含む。）であつて排出水を排出し、若しくは特定地下浸透水を浸透させるもの又は一の施設が有害物質使用特定施設若しくは有害物質貯蔵指定施設となつた際現にその施設を設置している者（当該有害物質使用特定施設に係る特定事業場から排出水を排出し、又は特定地下浸透水を浸透させる者を除き、設置の工事をしている者を含む。）は、当該施設が特定施設又は有害物質貯蔵指定施設となつた日から30日以内に、それぞれ、環境省令で定めるところにより、前条第1項各号、第2項各号又は第3項各号に掲げる事項を都道府県知事に届け出なければならない。この場合において、当該施設につき既に指定地域特定施設についての前条第1項又は次項（瀬戸内海環境保全特別措置法（昭和48年法律第110号）第12条の2の規定又は湖沼水質保全特別措置法（昭和59年法律第61号）第14条の規定によりこれらの規定が適用される場合を含む。）の規定による届出がされているときは、当該届出をした者は、当該施設につきこの項の規定による届出をしたものとみなす。 ②　一の施設が指定地域特定施設となつた際現に指定地域においてその施設を設置している者（設置の工事をしている者を含む。以下この項において同じ。）又は一の地域が指定地域となつた際現にその地域において指定地域特定施設を設置している者であつて、排出水を排出するものは、当該施設が指定地域特定

28

施設となつた日又は当該地域が指定地域となつた日から30日以内に、環境省令で定めるところにより、前条第1項各号に掲げる事項を都道府県知事に届け出なければならない。この場合において、当該施設につき既に湖沼水質保全特別措置法第14条の規定により指定地域特定施設とみなされる施設についての同条の規定により適用される前条第1項又はこの項の規定による届出がされているときは、当該届出をした者は、当該施設につきこの項の規定による届出をしたものとみなす。

③　第4条の2第1項の地域を定める政令の施行の際現に当該地域において特定施設を設置している者（設置の工事をしている者及び前条の規定による届出をした者であつて設置の工事に着手していないものを含む。）であつて排出水を排出するものは、当該政令の施行の日から60日以内に、環境省令で定めるところにより、排出水の排水系統別の汚染状態及び量を都道府県知事に届け出なければならない。

第9条第1項	第5条の規定による届出をした者又は第7条の規定による届出をした者は、その届出が受理された日から60日を経過した後でなければ、それぞれ、その届出に係る特定施設若しくは有害物質貯蔵指定施設を設置し、又はその届出に係る特定施設若しくは有害物質貯蔵指定施設の構造、設備若しくは使用の方法若しくは汚水等の処理の方法の変更をしてはならない。
第14条第1項	排出水を排出し、又は特定地下浸透水を浸透させる者は、環境省令で定めるところにより、当該排出水又は特定地下浸透水の汚染状態を測定し、その結果を記録し、これを保存しなければならない。
第14条第2項	総量規制基準が適用されている指定地域内事業場から排出水を排出する者は、環境省令で定めるところにより、当該排出水の汚濁負荷量を測定し、その結果を記録し、これを保存しなければならない。
第14条第5項	有害物質使用特定施設を設置している者又は有害物質貯蔵指定施設を設置している者は、当該有害物質使用特定施設又は有害物質貯蔵指定施

			設について、環境省令で定めるところにより、定期に点検し、その結果を記録し、これを保存しなければならない。
		第22条第1項	環境大臣又は都道府県知事は、この法律の施行に必要な限度において、政令で定めるところにより、特定事業場若しくは有害物質貯蔵指定事業場の設置者若しくは設置者であつた者に対し、特定施設若しくは有害物質貯蔵指定施設の状況、汚水等の処理の方法その他必要な事項に関し報告を求め、又はその職員に、その者の特定事業場若しくは有害物質貯蔵指定事業場に立ち入り、特定施設、有害物質貯蔵指定施設その他の物件を検査させることができる。
		第22条第2項	環境大臣又は都道府県知事は、この法律の施行に必要な限度において、指定地域において事業活動に伴つて公共用水域に汚水、廃液その他の汚濁負荷量の増加の原因となる物を排出する者（排出水を排出する者を除く。）で政令で定めるものに対し、汚水、廃液等の処理の方法その他必要な事項に関し報告を求めることができる。
第34条	法人の代表者又は法人若しくは人の代理人、使用人その他の従業者が、その法人又は人の業務に関し、前4条の違反行為をしたときは、行為者を罰するほか、その法人又は人に対して各本条の罰金刑を科する。	―	―
第35条	第10条、第11条第3項又は第14条第3項の規定による届出をせず、又は虚偽の届出をした者は、10万円以下の過料に処する。	第10条	第5条又は第6条第1項若しくは第2項の規定による届出をした者は、その届出に係る第5条第1項第1号若しくは第2号、第2項第1号若しくは第2号若しくは第3項第1号若しくは第2号に掲げる事項に変更があつたとき、又はその届出に係る特定施設若しくは有害物質貯蔵指定施設の使用を廃止したときは、その日から30日以内に、その旨を都道府県知事に届け出なければならない。
		第11条第	前2項の規定により第5条又は第6条第1項若

| | 3項 | しくは第2項の規定による届出をした者の地位を承継した者は、その承継があつた日から30日以内に、その旨を都道府県知事に届け出なければならない。 |
| | 第14条第3項 | 前項の指定地域内事業場の設置者は、あらかじめ、環境省令で定めるところにより、汚濁負荷量の測定手法を都道府県知事に届け出なければならない。届出に係る測定手法を変更するときも、同様とする。 |

　このように、多くの罰則規定では、「第○条の規定による命令に違反した者は、1年以下の懲役又は100万円以下の罰金に処する。」という規定や、「第○条の規定による届出をせず、又は虚偽の届出をした者は、3月以下の懲役又は30万円以下の罰金に処する。」という規定などを設けています。私たちは、その都度、「第○条にはどのようなことが書かれているのだろうか」と考え、その条文に当たっていくことが求められているのです。

6 罰則の構成

配列、両罰規定、過失など

環境法でよく見られる罰則の構成

```
第○章　罰則

　第○条　1年以下の懲役…
　第○条　6カ月以下の懲役…
　第○条　両罰規定
　第○条　過料
```

- 量刑の重さの順番で配列
- 個人だけでなく、法人も罰則
- 過失でも罰則適用されることも

罰則の配列

　前節で水質汚濁防止法の罰則の条文とその構成要件を掲げました。そこにある通り、罰則内の配列については、法定刑の重さが同じものを一つのグループとしてまとめ、一つの条文にします。例えば、本法第30条では、1年以下の懲役又は100万円以下の罰金の量刑に該当する違反行為として、第8条、第8条の2、第13条第1項若しくは第3項、第13条の2第1項、第13条の3第1項又は第14条の3第1項若しくは第2項の規定を掲げています。

　そして、法定刑が重い順番に条文を並べていきます。本法第30条から第33条まで、次のように並んでいます。

条項	量刑
第30条	1年以下の懲役又は100万円以下の罰金
第31条	6カ月以下の懲役又は50万円以下の罰金 （過失の場合、3カ月以下の禁錮又は30万円以下の罰金）
第32条	3カ月以下の懲役又は30万円以下の罰金
第33条	30万円以下の罰金

　その後、配置する必要がある場合は、後述する両罰規定を置き、さらに過料規定を置く方法が一般的です。本法の場合、第34条において両罰規定を、第35条において過料の規定をそれぞれ置いています。

両罰規定により個人だけでなく、法人も罰せられる

　第34条の規定を読むと（p.30参照）、これだけが他の罰則規定と体裁の異なる規定であることに気づかされます。この規定は、「両罰規定」と呼ばれるものです。

　両罰規定とは、犯罪行為を行った者とは別に、その者が法人などの業務に関して違反行為をしたときに、その法人などに対しても刑を科する規定を言います。第34条では、都道府県知事の計画変更命令などに違反した場合（第30条〜第33条）、その違反行為を行った者だけでなく、その者を雇用等している法人などに対しても各条の罰金刑を科することとしています。

　もっとも、第34条をよく読むと、罰則の対象者は、「…その法人又は人に対して各本条の罰金刑を科する。」と定められており、「法人」だけでなく、「人」も含まれています。これは、例えば、個人事業主の事業活動の中で、その代理人や使用人が本法に違反した場合に、個人事業主という「人」も罰金刑の対象になるというものです。両罰規定の刑は、罰金などの財産刑に限られ、懲役など自由を剥奪する自由刑は除かれます。法人は人間（自然人）ではないので、性質上当然自由刑を科することはできませんが、上記の個人事業主のような自然人に対しても財産刑に限られています。

罰則の対象は個人（自然人）

　企業の環境担当者の中には、時折、「環境法の罰則は、法人に適用されるものであり、個人には原則として適用されない」と誤解している方がいます。

　しかし、これまで見てきた通り、罰則規定というものは、何か特段の記述がなければ、基本的には行為者である個人（自然人）を対象としています。両罰規定がある場合に限り、法人にも適用されるものなのです。例えば、本法第5条では、工場又は事業場から公共用水域に水を排出する者は、特定施設を設置しようとするときは、都道府県知事に届け出なければならないことを定め、違反した場合の罰則規定もあります。本法第32条では、「第5条……の規定による届出をせず、又は虚偽の届出をした者は、3月以下の懲役又は30万円以下の罰金に処する。」と定めてあるので、罰則の対象者は、「届出をせず、又は虚偽の届出をした者」です。「法人」ではありません。個人を罰した上で、本法第34条では法人に対しても両罰規定を適用させているわけです。また、企業の担

当者にとっては、「誰が捕まるのか」ということも大きな関心ごとでしょう。水質汚濁防止法の排水基準違反の事件などでは、逮捕されるのは工場長などの管理者が多い印象があります。しかし、それに限定されるものではありません。

環境法研究の第一人者である北村喜宣氏（上智大学教授）が企業関係者向けの環境法のエッセイにおいて、次のように述べています（『企業環境人の道しるべ』第一法規、令和3年、p.4）。

「水質汚濁防止法12条1項は、排水基準の遵守義務について、『排出水を排出する者は、その汚染状態が当該特定事業場の排水口において排水基準に適合しない排出水を排出してはならない。』と規定する。『排出水を排水する者』である。これは、当該工場において働いているすべての従業員を指している。同法13条1項は、改善命令を規定するが、命令の対象とされるのも、『排出水を排出する者』である。」

北村氏は、このように述べた上で、環境法遵守の義務者は、幹部職員だけでなくすべての従業員に該当する可能性があるので、社内啓発をすべきであると強調しています。

過失でも罰せられることがある

前述の罰則規定のうち、第31条では、排水基準に違反した場合に6カ月以下の懲役又は50万円以下の罰金に処することを定めるとともに、過失により、この罪を犯した者に対しては、3カ月以下の禁錮又は30万円以下の罰金に処することを定めています。故意に違反した者だけでなく、過失で違反した者も刑罰の対象にしています。刑法第38条では、次のように定めています。

刑法

（故意）

第38条　罪を犯す意思がない行為は、罰しない。ただし、法律に特別の規定がある場合は、この限りでない。

② 重い罪に当たるべき行為をしたのに、行為の時にその重い罪に当たることとなる事実を知らなかった者は、その重い罪によって処断することはできない。

③ 法律を知らなかったとしても、そのことによって、罪を犯す意思がなかったとすることはできない。ただし、情状により、その刑を減軽することができる。

第1項の通り、故意がある違反行為が刑罰の対象であり、過失による違反行

為は原則として刑罰の対象に含まないとなっています。しかし、水質汚濁防止法では、過失犯を明記し、処罰の対象に加えていることには注意すべきでしょう。また、「もっとも、特殊な行政上の義務については、法文上、過失犯を処罰する旨の明文の規定がなくても、法令全体の趣旨、事柄の本質等から、過失犯をも処罰する旨の規定があるのと同様に解すべきであるとする最高裁判所の判例…がある」という指摘もあります（法制執務研究会編『新訂ワークブック法制執務』ぎょうせい、平成30年、p.250）。

構成要件と法定刑をまとめた罰則規定もあるが、数は少ない

これまで、義務規定と法定刑を別々に定める罰則規定について述べてきました。一方、構成要件と法定刑をまとめて定めている法律もあります。例えば、「人の健康に係る公害犯罪の処罰に関する法律」では、次のように定め、構成要件と法定刑を一つにまとめています。ただ、こうしたパターンの罰則規定を持つ法律はごく一部のものに限られているといえるでしょう。

人の健康に係る公害犯罪の処罰に関する法律

（故意犯）

第2条　工場又は事業場における事業活動に伴つて人の健康を害する物質（身体に蓄積した場合に人の健康を害することとなる物質を含む。以下同じ。）を排出し、公衆の生命又は身体に危険を生じさせた者は、3年以下の懲役又は300万円以下の罰金に処する。

② 前項の罪を犯し、よつて人を死傷させた者は、7年以下の懲役又は500万円以下の罰金に処する。

（過失犯）

第3条　業務上必要な注意を怠り、工場又は事業場における事業活動に伴つて人の健康を害する物質を排出し、公衆の生命又は身体に危険を生じさせた者は、2年以下の懲役若しくは禁錮又は200万円以下の罰金に処する。

② 前項の罪を犯し、よつて人を死傷させた者は、5年以下の懲役若しくは禁錮又は300万円以下の罰金に処する。

---

7 義務と努力義務

....

両者の区分を明確に意識する

義務規定と努力義務規定の違い

義務規定		努力義務規定
「…しなければならない。」 （作為の義務） 「…してはならない。」 （不作為の義務）		「…するように努めなければ ならない。」 「…努めるものとする。」

義務規定
- ●組織が遵守を義務付けられている規定。
- ●ISO14001：2015の「順守義務」（法的要求事項）。
- ●規定内容が抽象的な場合と、具体的な場合がある。
- ●違反した場合、命令等の措置のほか、罰則規定があることが多い。

努力義務規定
- ●組織に遵守を求めているものの、義務規定よりは弱い。
- ●ISO14001：2015の「順守義務」（法的要求事項）ではない。
- ●規定内容は抽象的な場合がほとんどである。
- ●違反（？）した場合、命令等の措置や罰則規定がない。

環境法規制リストの重要性

　ISO14001やエコアクション21などの環境マネジメントシステム（EMS）の外部認証を取得している企業は、「法規制登録簿」や「法規制一覧表」などと呼ばれる適用法規制の一覧表（以下、まとめて「環境法規制リスト」）を整備しています。

　厳密には、エコアクションの場合は、組織に環境法規制リストの作成を要求していますが、ISO14001の場合は、必ずしも一覧表を整備することを組織に要求していません。しかし、自社に適用される法規制を参照できるように文書化することを要求しているので、ISO14001認証取得企業のほとんどにおいて一覧表を作成しているのが現状です。

　筆者は、こうしたISO14001やエコアクションを認証取得していない企業を訪問し、環境法リスクへの対応についてコンサルティングをすることがありま

すが、認証の有無に関わらず、環境法を遵守しようとするのであれば、自社に適用される規制をまとめた環境法規制リストを整備した方がよいとアドバイスすることにしています。なぜなら、自社が遵守すべき環境法の規制事項を把握し、管理し続けるのには、一覧表を作成し、メンテナンスすることが、ほとんどの企業において最も効率的だからです。

膨大な一覧表の原因は、努力義務規定？

　一方、こうした環境法規制リストには様々な課題があります。これまで筆者が訪問した企業の中で、「環境法規制リストの分量が膨大過ぎて、何が遵守すべき項目なのか把握できないし、法改正を反映させることも多大な作業負荷があり困っている」という声をしばしば聞きます。

　環境法規制リストの分量に決まりはありません。とはいえ、自社に適用される環境法の規制事項を把握するためにまとめた一覧表の内容がわからないということであれば、改善すべきであることは明らかでしょう。

　そこで、一覧表を見せてもらうと、多くの場合、ある共通の特徴が見られます。義務規定だけでなく、努力義務規定も多数掲載されているのです。しかも、その点を指摘すると、義務規定と努力義務規定の違いを知らずに対応していたことがわかるのです。

　ある企業の場合、出力するとＡ３判で（かつ、細かい文字で）総計250枚にのぼる量の環境法規制リストが作成されていましたが、そのうちの実に半分以上は努力義務規定で占められていました。これでは、自社に適用される規制（＝義務規定）を容易に把握することはできません。

義務規定とは？

　そもそも義務規定とは、文字通り対象者に何らかの義務を課している規定です。一般に、「……しなければならない」という作為の義務とともに、「……してはならない」という不作為の義務があります。

　ISO14001における「順守義務」（法的要求事項）とは、まさにこの義務規定を指しています。

　条文に書かれている事項に違反等した場合、行政から指導・助言、勧告、公表、命令を経て、最後には罰則が適用されることもあります（命令や罰則が設

けられていないこともあります）。

　なお、「……しなければならない」という表現の条文でも、その規定内容が抽象的な場合もあります。例えば、市町村の廃棄物条例において「事業者は、自らの廃棄物を適正に処理しなければならない」という規定がよく見られます。違反した場合の行政による勧告、公表、命令等の措置も定められていないこともあります。

　こうした条文を義務規定と捉えて管理（？）するかどうかについては、各社の判断ではないかと筆者は考えます。

努力義務規定とは？

　一方、努力義務規定とは、何らかの遵守を求めているものの、義務規定よりも明らかに曖昧で弱い規定です。一般的には、「……するよう努めなければならない」や「……に努めるものとする」など、「努力」の「努」の文字が条文に入っています。規定内容は、「建設業を営む者は、建設資材廃棄物の再資源化により得られた建設資材……を使用するよう努めなければならない」（建設工事に係る資材の再資源化等に関する法律第5条第2項）などと、抽象的な内容の場合がほとんどです。

　また、こうした規定に違反した場合、行政による勧告、公表、命令、罰則などの規定もほとんど見られないと思われます。

　ISO14001の「順守義務」（法的要求事項）として捉える審査機関も少ないことでしょう。

義務規定と努力義務規定の例

　義務規定と努力義務規定それぞれの例は、次の図表の通りです。

　地球温暖化対策の推進に関する法律（温暖化対策推進法／温対法）は、本条で第1条から第76条までから成るそれなりに大型の法律です。しかし、一般の事業者に義務付ける規定は驚くほど少なく、おそらくは第26条第1項の一つしかないと思われます。そこでは、多量に温室効果ガスを排出する事業者に対して国への排出量報告の義務が定められています。

　それ以外の条文は、国が策定する地球温暖化対策計画に関する規定など、事業者に直接規制が適用されることのない規定です。

義務規定と努力義務規定の例

■温暖化対策推進法

義務規定の例	努力義務規定の例
第26条第1項 事業活動…に伴い相当程度多い温室効果ガスの排出をする者として政令で定めるもの（以下「特定排出者」という。）は、毎年度…排出した温室効果ガス算定排出量に関し、主務省令で定める事項…を当該特定排出者に係る事業を所管する大臣（以下「事業所管大臣」という。）に報告**しなければならない。**	第23条 事業者は、事業の用に供する設備について、温室効果ガスの排出の量の削減等のための技術の進歩その他の事業活動を取り巻く状況の変化に応じ、温室効果ガスの排出の量の削減等に資するものを選択するとともに、できる限り温室効果ガスの排出の量を少なくする方法で使用するよう**努めなければならない。**

■廃棄物処理法

義務規定の例	努力義務規定の例
第16条 何人も、みだりに廃棄物を**捨ててはならない。**	第5条第1項 土地又は建物の占有者（占有者がない場合には、管理者とする。以下同じ。）は、その占有し、又は管理する土地又は建物の清潔を保つように**努めなければならない。**

　一方、一般の事業者に関係のない規定ばかりでもありません。上の図表で示した第23条のように、関連規定もあります。しかし、これは努力義務規定です。第23条では、事業者に対して、設備を選択する際にはできる限り温室効果ガスの排出削減に資するものを選択するように努めることを定めるのみであり、個別具体的な義務を定めて履行することまでを求めているわけではありません。

　廃棄物処理法は、義務規定の多い条文から成る法律です。例えば、第16条では、上記図表の通り、すべての者に不法投棄を禁止しています。これに違反した場合は、5年以下の懲役若しくは1,000万円以下の罰金に処し、又はこれを併科するという罰則もあります。

　そうした廃棄物処理法でも、第5条第1項のような努力義務規定があります。これに対応する罰則規定はもちろんありません。

　このように、事業者に対する規定は、法律ごとに様々なものがありますが、義務規定と努力義務規定に明確に区別を設け、少なくても義務規定については抜け漏れなく対応するようにすべきです。

8 罰則の「罠」①

....

直罰だけでなく、間接罰にも気をつける

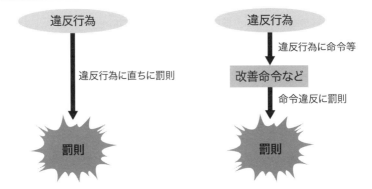

| 直罰と間接罰 |

直接罰（直罰）

違反行為に直接罰則をかける

間接罰

違反行為に改善命令などを発し、
命令違反に罰則をかける
（命令等のワンクッションを置く）

違反行為 → 違反行為に直ちに罰則 → 罰則

違反行為 → 違反行為に命令等 → 改善命令など → 命令違反に罰則 → 罰則

抜けている罰則規定？

　ある金属加工業の工場にて、罰則の資料を作成しているというので見せてもらいました。

　大気汚染防止法、水質汚濁防止法、廃棄物処理法など、工場に適用される各法の規制と罰則が記述されています。

　例えば、水質汚濁防止法では、「排水基準値を超えた汚水を排出した場合→6カ月以下の懲役又は50万円以下の罰金（過失の場合は、3カ月以下の禁錮又は30万円以下の罰金）」などと書かれてありました。一見したところ、とてもわかりやすい表であり、社内教育のツールとして優れていると感じました。

　ところが、この表をよく見てみると、重要な義務規定がいくつも抜けていることに気づきました。

この工場の場合、水質汚濁防止法の事故時の措置が適用されます。事故時の措置とは、事故により特定施設等の破損その他の事故が発生し、有害物質が公共用水域に流出した場合などに、設置者に対して応急措置の実施と都道府県知事への届出を義務付けているものです。この表には、この規定が抜けていました。

なぜ抜けているのかを聞いたところ、次のような答えが返ってきました。

「その規定があることは知っていましたが、応急措置や届出をしなかった場合の罰則が法律には書かれていないので、表には取り上げませんでした。」

この捉え方には、環境法の罰則規定への明らかな誤解があります。罰則には「直接罰」と「間接罰」の二つがあり、この工場の場合、後者の「間接罰」を見落としているのです。

「直罰」と「間接罰」
～罰則適用に至る二つのルートとは？

「直接罰」とは「直罰」とも呼ばれ、文字通り、違反行為に対して直接罰則が適用されるものです。これに対して、「間接罰」とは、違反行為に対して勧告や命令等を経て、それでも命令に違反している場合に罰則が適用されるというものです。

ここでは、次の図表の通り、水質汚濁防止法の直罰と間接罰の例をそれぞれ挙げて解説します。

直罰と間接罰

罰則の種類	具体例（水質汚濁防止法の例）	
	義務規定	義務に違反した場合の主な罰則等
直罰	■排水基準への適合（第12条第1項）排出水を排出する者は、その汚染状態が当該特定事業場の排水口において排水基準に適合しない排出水を排出してはならない。	○次の各号のいずれかに該当する者は、6月以下の懲役又は50万円以下の罰金に処する。（第31条第1項） (1) 第12条第1項の規定に違反した者 (2) （略） ○過失により、前項第1号の罪を犯した者は、3月以下の禁錮又は30万円以下の罰金に処する。（第31条

		第2項)
間接罰	■事故時の措置（第14条の２第１項）特定事業場の設置者は、…特定施設の破損その他の事故が発生し、有害物質を含む水…が当該特定事業場から公共用水域に排出され…人の健康又は生活環境に係る被害を生ずるおそれがあるときは、直ちに…応急の措置を講ずるとともに、速やかにその事故の状況及び講じた措置の概要を都道府県知事に届け出なければならない。	※左記の応急措置を講じていない場合、都道府県知事が応急措置を講ずべきことを命ずる（第14条の２第４項）。 ○次の各号のいずれかに該当する者は、６月以下の懲役又は50万円以下の罰金に処する。（第31条第１項） (1) （略） (2) 第14条の２第４項…の規定による命令に違反した者（以下略）

　水質汚濁防止法の排水基準違反への罰則規定は、典型的な直罰規定です。本法第12条第１項では、「排出水を排出する者は、その汚染状態が当該特定事業場の排水口において排水基準に適合しない排出水を排出してはならない。」と定めています。

　そして、本法第31条では、この規定に違反した者に対して、６カ月以下の懲役又は50万円以下の罰金に処することを定めています（第１項）。また、過失により、この罪を犯した者に対しては、３カ月以下の禁錮又は30万円以下の罰金に処することを定めています（第２項）。

　排水基準は、カドミウムなどの有害物質（健康項目）の基準値や、pHやBODなどの生活環境項目の基準値を定めています。例えば、カドミウムの排水基準値（許容限度）は、0.03mg／lなので、これを超える汚水が特定事業場から排出してしまえば、排水基準違反が問われ、検挙される可能性が出てくるということです。

　さらに言えば、この排水基準は排水の値が瞬間的に基準値に達したとしても違反となることにも注意すべきです。この点につき、環境法研究者の北村喜宣氏（上智大学法学部教授）は、次のように指摘しています。

　「瞬間値主義・最大値主義である排水基準の場合には、常時遵守義務が課されているから、瞬時でも違反すればそれに刑罰を科すことは可能である。直罰制となっている（31条１項１号）。抽象的危険犯である。このため、特定事業場としては、常に都道府県警察や海上保安庁の眼を意識せざるをえない。また、基準ギリギリではなく、余裕を持った遵守を心がけるようにもなる。」（北村喜宣『環境法（第５版）』（弘文堂、令和２年、p.49）。

命令等を経て適用される「間接罰」

　一方、水質汚濁防止法の事故時の措置への罰則規定は、典型的な間接罰規定であると言えるでしょう。本法第14条の２第１項では、特定事業場の設置者に対して、特定施設の破損その他の事故が発生し、排水基準に適合しないおそれがある水が公共用水域に排出されたり、地下に浸透したりすることにより、人の健康又は生活環境への被害を生ずるおそれがあるときは、措置を講ずることを義務付けています。講じるべき措置とは、①直ちに、引き続く排出等を防止するための応急措置を講ずること、②速やかにその事故の状況及び講じた措置の概要を都道府県知事に届け出ること―です。

　特定事業場の設置者が、こうした応急措置を実施しない場合、都道府県知事は、応急の措置を講ずることを命ずることができます（第14条の２第４項）。この命令に違反した場合、６カ月以下の懲役又は50万円以下の罰金に処するという罰則規定があります（第31条第１項第２号）。つまり、事故時の措置を実施していないことを根拠に罰則が適用されるわけではなく、都道府県知事が応急措置の命令を発出したにもかかわらず、何もしなければ、初めて罰則が適用されるという仕組みなのです。

間接罰を見落とさない

　こうした間接罰の規定は、多くの環境法で見られます。

　騒音規制法の場合、市町村長が騒音防止の方法を改善することなどを勧告することとなっています。勧告を受けた者がその勧告に従わないとき、市町村長は、期限を定めて必要な限度において、騒音の防止の方法の改善又は特定施設の使用の方法若しくは配置の変更を命ずることができます。命令にも違反した場合、１年以下の懲役又は10万円以下の罰金に処するなど、初めて罰則が適用されることになります。

　このように、個々の義務規定に罰則が直接設けられなかったとしても、勧告・命令を経て間接的に罰則が設けられることがあります。したがって、直罰とともに間接罰にも目配りしながら、各法律の罰則規定を見ていくとよいでしょう。

罰則の「罠」②

罰則だけを意識せず、行政指導を受けぬよう対応する

水質汚濁防止法の行政指導等（令和 2 年度）

●行政指導：6,683件（指導・勧告・助言等）

●立入検査：28,405件

（昼間立入27,967件、夜間立入438件）

罰則にこだわりすぎず、法全体の運用状況を見る

出典　「令和 2 年度水質汚濁防止法等の施行状況」（環境省ウェブサイト、令和 4 年 3 月）

https://www.env.go.jp/content/900543854.pdf

行政指導の件数にも注目する

　様々な企業の環境担当者と話していると、罰則を気にしている方が多いことに気づきます。

　そうした方々に筆者は「罰則だけにこだわらないほうがいいですよ」と申し上げることにしています（こうした罰則に関する本を書いている筆者が言うのも心苦しいところがありますが……）。

　前述したように（p.2）、環境事犯の年間検挙件数は毎年約6,000〜7,000件となっています。実際に罰則が発動されることを踏まえれば、環境法に対応するに当たって罰則規定を注視することはもちろん重要です。しかし、それだけに注目すると遵守すべき事項が抜けるおそれもあります。

　上の図表は、1 年間における水質汚濁防止法の行政指導の件数です。わずか1 本の法律で、かつ、わずか 1 年間の件数として、実に6,500件を超える行政指導が行われているのです。この指導の中には明確な法令違反の指摘も多く含まれていることでしょう。そして、その指導への対応に、対象企業は注力せざるをえません。

筆者はこれまで法令違反を外部から指摘されてきた様々な企業と接してきました。その中で実際に警察に検挙された例はほとんどありません。そのほとんどは、行政当局から受けた行政指導によるものです。その中には規制を遵守するために大規模な設備変更を事実上指導されたものの、コスト的に対応できずに、それが一因となって工場を閉鎖せざるをえなかった事例もあるほどです。

こうした行政指導の多さの背景には、行政の立入検査が多いということもあるでしょう。左記の図表では、水質汚濁防止法に基づく年間立入検査数は約28,000件近くにものぼっています。

このように、罰則の適用というものは、法令違反の事象のごくわずか一部にすぎません。行政指導や立入検査に伴う法令違反の指摘回避のため、日ごろからの法令遵守の活動が必要なのです。

罰則規定のない法令を読む

愛知県の「廃棄物の適正な処理の促進に関する条例」は、同県内の事業者にとってなかなか悩ましい存在です。

その第7条では、次の図表の通り、産業廃棄物の処理委託先に対する実地確認義務の規定が定められています。

本条では、県内の排出事業者に対して、産業廃棄物の運搬又は処分を産業廃棄物処理業者に委託しようとするときは、処理業者が産業廃棄物を処理する能力を備えていることを確認しなければならない、と義務付けています。

また、定期的に処理の状況についても確認しなければならないとしています。確認事項は、運搬や処分が行われる施設の状況や、保管場所の状況が適正かどうかという点などです。

確認の方法は、自らの実地確認が原則となります。処理委託前に1回、処理委託後も、年1回以上、処理場等を訪問しなければならないことになります。ただし、認定を受けた優良産廃処理業者等は除かれます。

国の廃棄物処理法では、実地確認の義務を明記した条文はありません（第12条第7項の解釈として、環境省は、優良産廃処理業者以外の場合の実地確認を求めていますが）。その意味では、本条例のこの規定は国の法律を上回る厳しい措置です。

愛知県「廃棄物の適正な処理の促進に関する条例」の実地確認義務

（処理を委託する場合における確認等）

第7条 事業者は、県内に設置する事業場において生ずる産業廃棄物（法第12条第5項に規定する中間処理産業廃棄物を含む。以下「県内産業廃棄物」という。）の運搬又は処分を産業廃棄物処理業者に委託しようとするときは、規則で定めるところにより、当該産業廃棄物処理業者が当該委託に係る産業廃棄物を処理する能力を備えていることを確認しなければならない。

> 運搬・処分が行われる施設の状況や、保管場所の状況が適正かどうかを確認する

② 県内産業廃棄物の運搬又は処分を産業廃棄物処理業者に委託した事業者は、当該委託に係る県内産業廃棄物の適正な処理を確保するため、規則で定めるところにより、当該県内産業廃棄物の処理の状況を定期的に確認しなければならない。

> 優良認定処理業者等を除き、確認の方法は、自らの実地確認が原則。確認事項を記録し、5年間保存

> 1年に1回以上確認する

③ 知事は、事業者が前2項の規定による確認をしていないと認めるときは、当該事業者に対し、これらの規定による確認をすべきことを勧告することができる。

④ 知事は、前項の規定による勧告をした場合において、事業者が正当な理由がなくてその勧告に従わないときは、規則で定めるところにより、その旨及びその勧告の内容を公表することができる。

> 愛知県公報への掲載及びインターネットの利用により行うものとする

⑤ 知事は、前項の規定による公表をしようとするときは、あらかじめ当該事業者に対し、意見を述べる機会を与えなければならない。

⑥ 県内産業廃棄物の運搬又は処分を産業廃棄物処理業者に委託した事業者は、当該委託に係る県内産業廃棄物について産業廃棄物の不適正な処理が行われたことを知ったときは、速やかに、当該県内産業廃棄物が適正に処理されるよう必要な措置を講ずるとともに、当該産業廃棄物の不適正な処理の状況及び講じた措置の内容を知事に届け出なければならない。

ただし、実地確認を行わなかった場合の罰則規定はありません。

本条第3項では、知事は、排出事業者が実地確認等をしていないと認めるときは、確認をすべきことを勧告することができると定めています。また、第4項によると、勧告を受けた排出事業者が正当な理由がなくてその勧告に従わないときは、その旨及びその勧告の内容を公表することができます。

第6項では、委託した産業廃棄物が不適正に処理されたことを知ったときは、速やかに必要な措置を講ずるとともに、講じた措置等を知事に届け出なければならないと定めていますが、それ以上のことは定めていません。

つまり、愛知県条例における実地確認制度では、違反した場合は、勧告・公表にとどまるというものであり、刑罰が適用されるわけではないのです。

罰則規定にこだわりすぎない

本条例には、罰則規定がないわけではありません。

第30条から第36条までその規定はあります。しかし、この実地確認制度に関わるものではなく、小規模産業廃棄物焼却施設や産業廃棄物保管に関する届出や命令違反等に関するものにとどまっています。

罰則の有無だけに焦点を当てて、本条例における規定の重要性を見れば、実地確認制度の位置付けは低いものとなります。

しかし、そのように捉える事業者は少ないですし、愛知県のウェブサイトにおいて実地確認制度を大きく解説していることを見ればわかるように、県としても実地確認制度を重要視しています。

担保のない「実地確認義務」（？）

愛知県の実地確認制度における違反時の勧告・公表の規定は、条例改正により追加されたものです（平成30年3月改正、10月施行）。それまでは、実地確認をしていない排出事業者がいたとしても、それを取り締まるための具体的な規定はなかったのです。

実地確認制度を条例で定める地方自治体は、愛知県だけでなく、東海地方や東北地方などにもありますが、多くの場合、罰則など、違反をさせないための担保の規定がありません。

例えば、三重県では、「三重県産業廃棄物の適正な処理の推進に関する条例」

により、排出事業者に対して、産業廃棄物の処理委託前とともに、処理委託後は年1回以上、処理場への実地確認を義務付けています。処分を委託した産業廃棄物の不適正な処分が行われていることを知ったときは、搬入の停止などに努めるとともに、不適正な処分の状況及び講じた措置の内容を知事に報告しなければなりません（第7条）。

しかし、こうした実地確認をしなかった場合、本条例には、罰則はもちろん、愛知県条例のような勧告・公表の規定もありません。

三重県条例では、産業廃棄物処理施設の設置手続きを定めている別の箇所において、知事に対して、「生活環境の保全のため必要があると認めるときは、この節に規定する手続に関し、事業計画者に対し、必要な指導及び助言を行うことができる。」という規定を設けています（第33条）。ところが、この実地確認制度の規定では、こうした指導・助言の規定すら設けられていないのです。

三重県条例第41条では、知事に対して「この条例の施行に必要な限度において」、報告徴収や立入検査の権限を与えています。虚偽報告や未報告、立入検査拒否等の場合については10万円以下の罰金に処するなどの罰則もあります（第43～46条）。あえて言えば、この条文が実地確認をさせるための担保の規定と言えるのかもしれません。

やはり、罰則規定とともに、それと直接関連しない規定についても注意深く対応していく姿勢は必要と言えるでしょう。

第2部
主な環境法の罰則

環境担当者が気をつけるべき
ポイント

1 省エネ法の罰則

取組みが不十分な特定事業者等への罰則（イメージ）

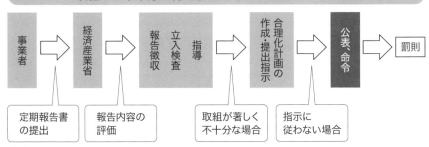

出典 「令和4年度 第1回工場等判断基準WG 改正省エネ法の具体論等について」（経済産業省ウェブサイト）

https://www.meti.go.jp/shingikai/enecho/shoene_shinene/sho_energy/kojo_handan/pdf/2022_001_04_00.pdf

省エネ法の規制と罰則

「エネルギーの使用の合理化等に関する法律」（省エネ法）は、省エネを推進する措置を定めており、わが国の気候変動対策の中心に位置付けられる法律の一つです。広範囲の省エネ対策を定めていますが、その核心は、大規模にエネルギーを使用している工場・事業場に対する措置となります。具体的には、年間のエネルギーを原油に換算して1,500kℓ以上使用している事業者を「特定事業者」や「特定連鎖化事業者」と定め、①エネルギー管理者等の選任・届出、②省エネの中長期計画の提出、③エネルギー使用状況等の定期報告などを定めています。

なお、令和4年6月17日、本法は改正され、令和5年4月1日から題名が「エネルギーの使用の合理化及び非化石エネルギーへの転換等に関する法律」となるなど、法の対象に省エネだけでなく、「非化石エネルギーへの転換」が追加されました。

　左の図表の通り、国（経済産業省）は、定期報告に基づき、事業者の取組状況を評価します。「工場等におけるエネルギーの使用の合理化に関する事業者の判断の基準」（平成21年経済産業省告示第66号）に基づき、エネルギー消費原単位の年平均１％以上の改善などを勘案し、取組みが著しく不十分であれば、国による指導や立入検査、合理化計画作成指示、公表、命令が発出等されます。そして、命令にも従わない場合は、100万円以下の罰金が科されることになります。

　本法では、こうした主務大臣等による措置命令が、特定事業者や特定連鎖化事業者だけでなく、特定貨物輸送事業者、特定荷主、特定旅客輸送事業者、特定航空輸送事業者、エネルギー消費機器等製造事業者等、熱損失防止建築材料製造事業者等に発出できる規定があります。いずれも上記と同様に、命令に従わない場合、100万円以下の罰金が科されることになります。

　また、本法では、特定事業者等に対してエネルギー管理統括者、エネルギー管理企画推進者、エネルギー管理者、エネルギー管理員を、エネルギー使用状況等に応じて選任を義務付けていますが、法の選任義務に違反して選任しなかった者にも、100万円以下の罰金を科しています。

　さらに、これら中長期計画の提出、定期報告の提出の義務に違反したときについては、50万円以下の罰金を科しています。

事業者をクラス分け評価し、停滞事業者を重点指導

　特定事業者の取組状況を評価する際、事業者をＳ・Ａ・Ｂ・Ｃの４段階へクラス分けし、クラスに応じたメリハリのある対応を実施しています。これを「事業者クラス分け評価制度（SABC評価制度）」といいます。その概要は次の図表の通りです。

　罰則との関連で本制度を見ると、Ｃクラスに転落すると厳しい状況となります。すなわち、本法第６条に基づく主務大臣による指導及び助言を受けることになります。ここで改善が見られない場合、本項の冒頭の図表で示したように、本法第17条の措置命令とそれに違反した場合の罰則適用の手続きに移る可能性が出てきます。

　措置命令違反に至る流れは、その次の図表の通りです。

事業者クラス分け評価制度（SABC評価制度）

Sクラス 省エネが優良な事業者 （目標達成事業者）	**Aクラス** 省エネの更なる努力が 期待される事業者 （目標未達成事業者）	**Bクラス** 省エネが停滞している事業者 （目標未達成事業者）	

Sクラス	Aクラス	Bクラス	Cクラス
			Cクラス 注意を要する事業者 （目標未達成事業者）
水準 ①努力目標※1達成 または、 ②ベンチマーク目標※2 達成	水準 Bクラスよりは省エネ水準は高いが、Sクラスの水準には達しない事業者	水準 ①努力目標※1未達成かつ直近2年連続で原単位が対前度年比増加 または、 ②5年間平均原単位が5%超増加	水準 Bクラスの事業者の中で特に判断基準遵守状況が不十分
対応 優良事業者として、経産省HPで事業者名や連続達成年数を表示。	対応 省エネ支援策等に関する情報をメールで発出し、努力目標達成を推進。	対応 注意喚起文書を送付し、現地調査等を重点的に実施。	対応 省エネ法第6条に基づく指導を実施。

※1 努力目標：5年間平均原単位を年1%以上低減すること。
※2 ベンチマーク目標：ベンチマーク制度の対象業種・分野において、事業者が中長期的に目指すべき水準。
※3 定期報告書、中長期計画書の提出遅延を行った事業者は、Sクラス事業の公表・優遇措置の
　　対象外として取り扱うことがあります。

出典 「事業者クラス分け評価制度について」（資源エネルギー庁ウェブサイト）

https://www.enecho.meti.go.jp/category/saving_and_new/saving/enterprise/overview/institution/
data/classify.pdf

措置命令違反に至る流れ

○主務大臣は、特定事業者が設置している工場等におけるエネルギーの使用の合理化の状況が「判断基準」に照らして著しく不十分であると認めるときは、エネルギーの使用の合理化に関する計画を作成し、これを提出すべき旨の指示をすることができる。

○主務大臣は、合理化計画が適切でないと認めるときは、合理化計画を変更すべき旨の指示をすることができる。

○主務大臣は、特定事業者が合理化計画を実施していないと認めるときは、合理化計画を適切に実施すべき旨の指示をすることができる。

○主務大臣は、前3項に規定する指示を受けた特定事業者がその指示に従わなかったときは、その旨を公表することができる。

○主務大臣は、正当な理由がなくてその指示に係る措置をとらなかったときは、その指示に係る措置をとるべきことを命ずることができる。

○措置命令に違反した者は、100万円以下の罰金に処する。

省エネ法の主な罰則

主な違反事項	罰則	条項
エネルギー管理統括者、エネルギー管理企画推進者、エネルギー管理者、エネルギー管理員を選任しなかった者	100万円以下の罰金	第170条第1号
主務大臣等による合理化指示に係る措置命令等に違反した次の者など ・特定事業者 ・特定連鎖化事業者 ・特定貨物輸送事業者 ・特定荷主 ・特定旅客輸送事業者 ・特定航空輸送事業者 ・エネルギー消費機器等製造事業者等 ・熱損失防止建築材料製造事業者等	100万円以下の罰金	第170条第2号
・特定事業者等に該当するにもかかわらず届出をせず、又は虚偽の届出をした者 ・中長期的な計画提出をしなかった者 ・定期報告をせず、若しくは虚偽の報告をし、又は立入検査を拒み、妨げ、若しくは忌避した者	50万円以下の罰金	第171条
従業者等が、その法人等の業務に関し、第170条又は第171条等の違反行為をしたとき（両罰規定）	行為者を罰するほか、その法人又は人に対して各本条の罰金刑（両罰規定）	第173条
エネルギー管理統括者等の選任・届出義務があるものについて届出をせず、又は虚偽の届出をした者	20万円以下の過料	第174条

2 温暖化対策推進法と条例の罰則

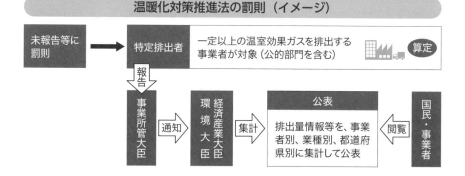

温暖化対策推進法の罰則（イメージ）

温暖化対策推進法の規制と罰則

「地球温暖化対策の推進に関する法律」（温暖化対策推進法／温対法）は、温暖化対策に関する国の目標や計画、基本的な施策等を定めた法律です。

一般の事業者の義務規定はほとんどなく、唯一、温室効果ガス算定排出量の報告を定めた第26条が関連しています。

第26条では、事業活動に伴い相当程度多い温室効果ガスの排出をする者として政令で定めるものを「特定排出者」と位置付けています。具体的には、①エネルギー起源CO_2では、省エネ法の特定事業者等、特定荷主、特定貨物輸送事業者等、②上記以外の温室効果ガスでは、温室効果ガスの種類ごとにすべての事業所の排出量合計がCO_2換算で3,000 t ／年以上で、常時使用する従業員21人以上の事業者が該当します。

こうした特定排出者に対して、毎年度、温室効果ガス算定排出量の報告を義務付けています。報告をせず、又は虚偽の報告をした場合には、20万円以下の過料の罰則があります。

温暖化対策推進条例の規制と罰則

　都道府県を中心に、自治体が温暖化対策条例を定めていることが少なくありません。

　「徳島県脱炭素社会の実現に向けた気候変動対策推進条例」では、事業者への義務規定として、次の条文があります。

「徳島県脱炭素社会の実現に向けた気候変動対策推進条例」における事業者への主な義務規定	
①「特定家庭用電気機器等販売事業者」は、特定家庭用電気機器等を購入しようとする者に対し、当該特定家庭用電気機器等のエネルギー消費効率について説明しなければならない。 ②特定家庭用電気機器等販売事業者は、店舗の見やすい場所に、エネルギー消費効率に関する情報を適切に表示しなければならない。	第18条
「特定事業者」は、温室効果ガスの排出削減計画書を作成し、知事に提出しなければならない。	第25条
温室効果ガスの排出削減計画書を提出した者は、毎年度、排出削減計画書に基づく措置の実施状況を記載した報告書を作成し、知事に提出しなければならない。	第26条
特定事業者は、温室効果ガスの排出状況、温室効果ガスの排出の抑制等に関する取組の実施状況その他必要な情報を、自主的かつ積極的に公表するものとする。	第28条
規則で定める規模以上の建築物の新築・改築・増築をしようとする者は、規則で定めるところにより、建築物環境配慮計画書を作成し、知事に提出しなければならない。	第32条
事業活動に伴い相当程度多い自動車を管理する者として規則で定めるものは、環境に配慮した自動車の運転等を推進する者を選任し、知事に届け出なければならない。	第38条
①自動車販売事業者は、新車を購入しようとする者に対し、新車に係る自動車環境情報について説明しなければならない。 ②自動車販売事業者は、その販売する新車に係る自動車環境情報について、当該新車を購入しようとする者の見やすい箇所に見やすい方法で、表示しなければならない。	第39条

　本条例では、こうした義務の遵守を担保するための規定を定めています。

　まず、知事は、県民及び事業者等に対し、この条例に基づく気候変動対策が適切に実施されるよう必要な指導及び助言をすることができます。

　また、上記に掲げた各種の届出規定の施行に必要な限度において、これらの

規定による提出又は届出をした者に対し、その業務又は財産の状況に関し報告又は資料の提出を求めることもできます。

　さらに、知事は、前頁の表に掲げた届出書等の書類の提出をせず、又はこれらの書類に記載すべき事項を記載せず、若しくは虚偽の記載をしてこれらの書類を提出した者や、建築物環境配慮計画書の内容と異なる工事をしていると認められる者などに対して、必要な措置を講ずるよう勧告することができます。勧告に正当な理由なく従わない場合は、その旨を公表することもできます。

　一方、罰則規定そのものは少なく、上記に掲げた報告及び資料の提出の規定に違反した場合のみ、5万円以下の過料を定めているにすぎません。

　つまり、本条例では、罰則規定を詳細に定めることはせず、勧告や公表によって義務を履行させようとしていると言えるでしょう。

　これは、他の自治体の温暖化対策条例に概ね共通しているようです。

東京都条例に見る厳しい規制

　以上見てきたように、気候変動対策に関連する法律や条例は、後述する公害対策や廃棄物対策の法律や条例と比べて、明らかに罰則が緩いのが特徴です。

　では、今後、この分野の罰則の展望について、どう考えればいいのでしょうか。

　国際社会の動向や気候変動そのものの被害の拡大がどれほどになるかによって国内法規制の動向も大きく左右されることでしょう。現時点で言えることは、規制強化と、規制そのものは現状維持となる両方の動きがあるということです。

　東京都は、「都民の健康と安全を確保する環境に関する条例」（環境確保条例）において、国の法律を含めて国内で最も厳しい規制を事業者に課しています。主に前年度の燃料、熱、電気の使用量が原油換算で年間合計1,500kℓ以上となった事業所に対して、自らの温室効果ガス排出総量削減を義務付けるとともに、削減不足の場合については都が制度設計した排出量取引により他社の超過削減量を調達するというものです。

　この強制力を担保するための規定は、国の法律や他の自治体の条例には見られない厳しいものです。次の図表の通り、5年間の削減計画期間の終了までに削減義務が達成できない場合、排出量取引による削減量（クレジット等）の取得が必要となります。

東京都環境確保条例による総量削減義務を遵守させるための規定

削減計画期間 5年間

整理期間
計画期間終了後
1年6か月間※

対象事業所
●義務履行状況の確認
●(削減計画期間終了までに削減義務が達成できていない場合)
取引による削減量（クレジット等）の取得

※削減義務量及び年度排出量確定時点で、整理期間の終了まで180日以下の場合は、
それらの確定後180日を経過した日が履行期限となる

**削減義務
未達成の場合** 措置命令（義務不足量×1.3倍の削減）

命令違反の場合 罰金（上限50万円）｜違反事実の公表
知事が命令不足量を調達しその費用を請求

出典 「大規模事業所への温室効果ガス排出総量削減義務と排出量取引制度（概要）」（東京都ウェブ
サイト）

https://www.kankyo.metro.tokyo.lg.jp/climate/large_scale/overview/movie_data.files/gaiyou.pdf

　しかし、そうした削減義務を履行せずに未達成に終わった場合、都は措置命令を発出し、ペナルティとして義務不足量の1.3倍の削減を求めることになります。それに従わない場合、50万円以下の罰金を科すとともに、違反事実を公表し、さらに、知事が不足量を別に調達しその費用を対象事業者に請求するというものです。

　ここまで厳しい担保措置を整備した温暖化対策条例はおそらく他にないと思われます。そして、この規制の施行後、都内の大規模排出事業者からの排出量が大幅に減少している成果があることを踏まえると、今後、こうした規制を導入する自治体が登場しても不思議ではありません。

ESGの広がりによる自主的な取組み強化に向かうか

　一方、規制強化ではなく、企業の自主的な取組みが進む可能性もあります。これは、言うまでもなく、ESG投資やサステナブル金融の影響です。

　ESG投資とは、従来の財務情報だけでなく、環境（Environment）・社会（Social）・ガバナンス（Governance）の要素も考慮した投資を言います。サステナブル金融とは、気候変動等の社会的課題の解決に資する金融のことです。次の図表の通り、世界と日本のESG投資は拡大の一途を辿っており、企業

も温暖化対策に自主的に取り組む例が増えています。

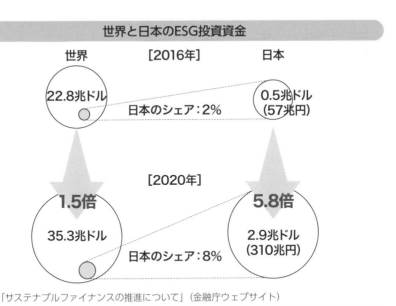

世界と日本のESG投資資金

世界　　　［2016年］　　　日本

22.8兆ドル　　日本のシェア：2%　　0.5兆ドル
（57兆円）

［2020年］

1.5倍　　　　　　　　　　　5.8倍

35.3兆ドル　　　　　　　　2.9兆ドル
（310兆円）

日本のシェア：8%

出典　「サステナブルファイナンスの推進について」（金融庁ウェブサイト）

https://www.meti.go.jp/shingikai/sankoshin/sangyo_gijutsu/green_transformation/pdf/007_03_00.
pdf

　SDGsの取組み拡大の動きも見逃せません。SDGsは、「持続可能な開発目標
（Sustainable Development Goals）」のことであり、2015年９月の国連サ
ミットで採択された2030年までの国際的な目標です。持続可能な社会を実現す
るための17のゴールが掲げられ、各ゴールには複数のターゲットが設定され、
計169のターゲットがあります。このゴールには、気候変動対策、海洋保全対
策、陸域生態系保護対策など環境関連のゴールが多くを占めているのも、SDGs
の特徴です。

　筆者は環境コンサルタントの仕事を20年行っていますが、この数年、
「SDGs」という言葉を聞かない日はないほど、企業関係者の間に浸透してい
るテーマであり、かなりの企業においてSDGs関連の取組みが行われています
（その内容を巡っては様々な評価がありますが）。

　こうした状況の中で、国や自治体が規制措置を強化する方向に向かうかどう
か、意見の分かれるところだろうと思います。

温暖化対策推進法の主な罰則

主な違反事項	罰則	条項
特定排出者としての報告をせず、又は虚偽の報告をした者	20万円以下の過料	第75条第1号

備考：罰則は、第66条から第76条まであるが、株式会社脱炭素化支援機構に関するものなど、一般の事業者には関係が薄いので省略した。

3 フロン排出抑制法の罰則

第一種特定製品の管理者等への罰則（イメージ）

第一種特定製品

使用中

「判断基準」に基づく日常管理

→（問題がある場合）

● すべての管理者 → 都道府県の指導・助言

● 圧縮機7.5kW以上の管理者 → 都道府県の勧告 → 公表 → 命令 ➡ 罰則

年1,000ｔ－CO₂以上の漏えい報告義務違反

➡（違反した場合）罰則（過料）

廃棄するとき

第一種フロン類充填回収業者にフロン類を引渡し

➡（違反した場合）罰金

回収依頼書等の交付など書面による管理

➡（違反した場合）罰金

フロン排出抑制法の規制と罰則

「フロン類の使用の合理化及び管理の適正化に関する法律」（フロン排出抑制法）は、強力な温室効果を持つフロン類の排出抑制をするため、省フロンとフロン漏えい防止等への管理適正化を目指す法律です。

具体的には、①フロン製造業者等に対して製造・輸入等するフロン類の地球温暖化係数（GWP）の低減など省フロンを求める、②エアコンなどの「指定製品」を製造・輸入等する事業者に対してフロン類の充塡量の低減など省フロンを求める、③業務用のエアコンや冷凍冷蔵機器（第一種特定製品）の管理者

に、使用中に点検などの管理を求めるとともに、機器の廃棄時にフロン類を第一種フロン類充塡回収業者に渡す、④充塡回収業者に対して都道府県の登録を受け、フロン類破壊業者への引渡し等を求める、⑤再生・破壊業者に対して国の許可を受け、基準に従った破壊等を求める―などの措置を定めています。

　本法は罰則規定も多く、第一種フロン類充塡回収業者の登録、第一種フロン類再生業者の許可、フロン類破壊業者の許可を受けずに業を行った者や、みだりに特定製品に冷媒として充塡されているフロン類を大気中に放出した者に、1年以下の懲役又は50万円以下の罰金に処するとする罰則規定などがあります。

フロン排出抑制法の規制と罰則

　この中でも規制対象事業者が多く、かつ法令違反が多発しているのが上記③の第一種特定製品の管理者に関する規制です。

　また、実際に本法に違反したとして検挙される事件も起きています。

　令和3年11月、東京都は、「改正フロン排出抑制法違反で警視庁が全国初の検挙」という報道発表を行い、大きな注目を浴びました。詳細は、次の図表の通りです。かねてより都が指導していた、管理者であるAと建物解体業者であるBをフロン排出抑制法違反で警視庁が東京地方検察庁立川支部へ書類送致しました。

フロン排出抑制法違反事件被疑者らの検挙の概要

　フロン類の使用の合理化及び管理の適正化に関する法律違反事件被疑者らの検挙について（情報提供）

　警視庁生活安全部生活環境課は、みだしの事件で被疑者3名及び被疑法人2社を東京地方検察庁立川支部へ書類送致した。本事件については、解体工事発注者や建設・解体業者における認識不足等から惹起された事案と認められることから、それぞれの業者に対して、指導徹底を図るとともに、再度発生することが無いよう情報提供する。

1　送致年月日
　　令和3年11月9日（火）

2　被疑者

61

  A 自動車販売会社 社員
  B 解体業者   役員
  C 解体業者   社員

3 被疑法人
 甲 東京都所在
    自動車販売会社
 乙 東京都所在
    解体業者

4 事案の概要
 (1) 被疑者A、被疑法人甲
   被疑者Aは、被疑法人甲の業務に関して、令和3年2月6日頃から同年3月8日頃までの間、第一種特定製品であるエアコンディショナーに冷媒として充填されているフロン類の第一種フロン類に関して、充填回収業者への引き渡しを他の者に委託する際に、法令で定める事項を記載した委託確認書を交付しなかったもの。
 (2) 被疑者B・C、被疑法人乙
   被疑者B・Cは、被疑法人乙の業務に関して、令和3年3月5日頃から同月8日頃までの間、東京都八王子市……に所在する営業所の解体工事に関して、第一種特定製品であるエアコンディショナーに冷媒として充填されているフロン類の第一種フロン類を、大気中にみだりに放出したもの。

5 罪名・罰条
  フロン類の使用の合理化及び管理の適正化に関する法律
 (1) 被疑者A、被疑法人甲
  罰条：同法第43条第2項（第一種特定製品廃棄等実施者による書面の交付等）
  罰則：同法第105条第2号（30万円以下の罰金）
  両罰：同法第108条（30万円以下の罰金）
 (2) 被疑者B・C、被疑法人乙
  罰条：同法第86条（フロン類の放出の禁止）
  罰則：同法第103条第13号（1年以下の懲役又は50万円以下の罰金）
  両罰：同法第108条（50万円以下の罰金）
  刑法第60条（共同正犯）

出典 「フロン類の使用の合理化及び管理の適正化に関する法律違反事件被疑者らの検挙について（情報提供）」（東京都ウェブサイト）。一部省略した。

https://www.metro.tokyo.lg.jp/tosei/hodohappyo/press/2021/11/09/documents/05_01.pdf

　本事件で適用となった罰則は、自動車販売会社には第105条（委託確認書の未交付）、解体業者には第103条（みだりにフロン類を放出）などとなります。

　ちなみに、第103条に関連する第86条では、特定製品からのフロン放出をみだりに行うことを禁じていますが、「みだりに」とは、通常は、社会通念上、許容されないことを意味しています。うっかりと少量を放出させてしまうような行為は含まれません。

　国の運用手引きによれば、本条について、「事故、技術的問題、又は適切な回収等を行おうとして失敗した場合等の過失による放出等のやむを得ない放出ではなく、故意又は重過失によって大気中に放出する行為を禁止している。」と解説しています（環境省・経済産業省『フロン類の使用の合理化及び管理の適正化に関する法律（フロン排出抑制法）第一種特定製品の管理者等に関する運用の手引き（第3版）』令和3年4月）。

管理者の「判断基準」への罰則適用は限定的

　第一種特定製品の管理者は、「第一種特定製品の管理者の判断の基準となるべき事項」（平成26年経済産業省、環境省告示第13号）に沿って管理しなければなりません。具体的には、対象機器の設置環境・使用環境の維持保全、簡易点検・定期点検、漏えいや故障等が確認された場合の修理を行うまでのフロン類の充塡の原則禁止、点検・整備の記録作成・保存などの義務があります。違反した場合、最終的に罰則が適用されますが、対象は限定的となります。

　まず、都道府県知事は、第一種特定製品の管理者に対し、「判断の基準」を勘案して、第一種特定製品の使用等について必要な指導及び助言をすることができると定めてあります。つまり、指導・助言はすべての管理者が対象となります。

　しかし、都道府県知事が管理者に対して第一種特定製品の使用等に関し必要な措置をとるべき旨の勧告をすること、勧告に従わなかったときに公表すること、その勧告に係る措置をとるべきことを命ずることについては、その対象を次の通り定めています。

> フロン類の使用の合理化及び管理の適正化に関する法律施行規則
> 　（第一種特定製品の管理者に対する勧告に係る要件）
> 　第2条　法第18条第1項の主務省令で定める要件は、次の各号のいずれかに該当する管理第一種特定製品を1台以上使用等をするものであることとする。

(1) 圧縮機を駆動する電動機の定格出力が7.5キロワット以上（2以上の電動機により圧縮機を駆動する第一種特定製品にあっては、当該電動機の定格出力の合計が7.5キロワット以上）であること。

(2) 圧縮機を駆動する内燃機関の定格出力が7.5キロワット以上（2以上の内燃機関により圧縮機を駆動する第一種特定製品にあっては、当該内燃機関の定格出力の合計が7.5キロワット以上、輸送用冷凍冷蔵ユニットのうち、車両その他の輸送機関を駆動するための内燃機関により輸送用冷凍冷蔵ユニットの圧縮機を駆動するものにあっては、当該内燃機関の定格出力のうち当該圧縮機を駆動するために用いられる出力が7.5キロワット以上）であること。

この措置命令に違反した場合は、50万円以下の罰金に処するという罰則があります。

廃棄時の義務違反にも罰則あり

第一種特定製品の管理者は、毎年度におけるフロン類算定漏えい量が1,000t−CO_2以上となった場合、翌年度の7月末までに事業所管省庁へ報告しなければなりません。これに違反した場合は、10万円以下の過料となります。

第一種特定製品の廃棄等を行おうとする場合、原則として自ら又は他の者に委託して、第一種フロン類充填回収業者に対し、フロン類を引き渡さなければなりません。これに違反した場合は、50万円以下の罰金となります。

また、廃棄等の際には、回収依頼書等の交付など書面による管理が必要となります。回収依頼書・委託確認書を交付せず、又は所定事項を記載せず、若しくは虚偽の記載をして交付した場合などについては、30万円以下の罰金となります。

フロン排出抑制法の主な罰則

主な違反事項	罰則	条項
①第一種フロン類充填回収業者の登録、第一種フロン類再生業者の許可、フロン類破壊業者の許可を受けずに業を行った者 ②みだりに特定製品に冷媒として充填されているフロン類を大気中に放出した者	1年以下の懲役又は50万円以下の罰金	第103条
①主務大臣や都道府県知事の命令に違反した者 ②第一種フロン類充填回収業者への引渡し義務に違反	50万円以下の罰金	第104条

して、第一種特定製品の廃棄等を行った者 ③第一種フロン類充填回収業者が確認した場合などを除いて第一種特定製品の引取り等を行ってはならないとの規定に違反して、第一種特定製品の引取り等を行った者		
①第一種フロン類充填回収業者の変更届などの届出をせず、又は虚偽の届出をした者 ②回収依頼書・委託確認書を交付せず、又は所定事項を記載せず、若しくは虚偽の記載をして交付した第一種特定製品廃棄等実施者 ③回収依頼書の写し又は委託確認書の写しを保存しなかった第一種特定製品廃棄等実施者 ④引取証明書を保存しなかった第一種特定製品廃棄等実施者 ⑤引取証明書の写しを交付せず、又は回付しなかった第一種特定製品廃棄等実施者 ⑥引取証明書の写しを保存しなかった第一種特定製品引取等実施者	30万円以下の罰金	第105条
①記録を作成せず、若しくは虚偽の記録を作成し、又は記録を保存しなかった第一種フロン類充填回収業者、第一種フロン類再生業者、フロン類破壊業者 ②報告をせず、又は虚偽の報告をした第一種フロン類充填回収業者、第一種フロン類再生業者、フロン類破壊業者等 ③主務大臣又は都道府県知事による立入検査又は収去を拒み、妨げ、又は忌避した者	20万円以下の罰金	第107条
従業者等が、その法人等の業務に関し、第103条（第12号を除く。）、第104条、第105条又は第107条の違反行為をしたとき	行為者を罰するほか、その法人又は人に対して各本条の罰金刑（両罰規定）	第108条
①フロン類算定漏えい量等の報告をせず、又は虚偽の報告をした者 ②廃業等の届出を怠った第一種フロン類充填回収業者等 ③特定製品に表示せず、又は虚偽の表示をした特定製品の製造業者等	10万円以下の過料	第109条

4 大気汚染防止法・水質汚濁防止法・土壌汚染対策法の罰則

大気汚染防止法・水質汚濁防止法の罰則 (イメージ)

対象施設

(大気汚染防止法:ばい煙発生施設等)

(水質汚濁防止法:特定施設等)

● 都道府県への届出 ➡ 罰則

● 規制基準 (ばい煙排出基準、排水基準) ➡ 罰則 (直罰)

　➡ (継続して基準に適合せず) 改善命令・一時使用停止命令 ➡ 罰則

● 測定 (測定・記録、3年間保存) ➡ 罰則

● 事故時の措置 (応急措置と届出) ➡ 応急措置命令 ➡ 罰則

土壌汚染対策法の罰則 (イメージ)

土壌汚染調査の義務

①有害物質使用特定施設の使用廃止のときの調査 ➡ 罰則

②一定規模以上の土地の形質変更の届出 ➡ 罰則

　➡都道府県知事からの汚染調査命令 ➡ 罰則

　　　↓

土壌の汚染状態が指定基準を超える

　　　↓

区域の指定等

➡①要措置区域の指定 → 計画提出命令 ➡ 罰則

　②形質変更時要届出区域 → 計画変更命令 ➡ 罰則

➡汚染土壌の搬出等の規制 → 基準適合命令等 ➡ 罰則

公害の多発と規制強化の歴史

　昭和45年、公害が多発する中、「公害国会」と呼ばれた臨時国会において、実に14本の環境法が制定・改正されました。

　ここでは、昭和43年に施行されていた大気汚染防止法が改正されるとともに、いわゆる水質二法（水質保全法と工場排水規制法）が廃止され、水質汚濁防止法が制定されました。

　改正前の大気汚染防止法や水質二法では、規制基準遵守に違反した場合の直罰規定がありませんでした。改善命令等を経て、その命令に違反した場合に罰則が適用されるという間接罰のみがあったのです。

　しかし、多発する規制基準遵守違反に対して、より厳しい罰則規定を設けようということになり、昭和45年の改正等により直罰規定が導入されました。

大気汚染防止法と水質汚濁防止法の
基本的な規制方式と罰則

　大気汚染防止法と水質汚濁防止法の基本的な規制方式は似ています。

　対象施設を定めた上で、設置や変更等の届出を義務付けるとともに、規制基準の遵守を求めます。規制基準の遵守と関連して、測定義務も課し、測定記録の保存も義務付けます。さらに、事故時の応急措置と届出も義務付けます。左の図表の通り、以上の義務に違反した場合は、それぞれ罰則が科されるという設計になっています。

　大気汚染防止法のばい煙発生施設への規制を例に説明しましょう。

　条文の順に主な規制事項と罰則をまとめると次頁の図表の通りとなります。水質汚濁防止法の特定施設への規制も、ほぼ同様の内容となると捉えて、差し支えないでしょう。

基準違反への直罰が厳しい

　この図表を見ると、個々の規制事項に応じて罰則が細かく整備されているのがわかります。

　また、罰則の量刑を見ると、これらの法律の規制のポイントを"裏読み"することができます。

大気汚染防止法のばい煙発生施設の義務規定と対応する罰則

	主な規制事項	罰則
第6条第1項	ばい煙発生施設の設置の届出	3カ月以下の懲役又は30万円以下の罰金
第8条第1項	ばい煙発生施設の構造等の変更の届出	
第9条	都道府県知事による計画変更命令等	1年以下の懲役又は100万円以下の罰金
第10条第1項	設置・構造等変更の届出が受理されて60日を経過した後でなければ設置・変更を禁止	30万円以下の罰金
第11条	氏名の変更等の届出	10万円以下の過料
第12条第3項	承継の届出	
第13条第1項	ばい煙量又はばい煙濃度の排出基準の遵守	・6カ月以下の懲役又は50万円以下の罰金 ・過失の場合は、3カ月以下の禁錮又は30万円以下の罰金
第14条第1項	都道府県知事による改善命令等	1年以下の懲役又は100万円以下の罰金
第16条	ばい煙量等の測定（所定の測定方法による測定と記録。測定記録の3年間保存）	30万円以下の罰金
第17条第3項	都道府県知事による事故時の措置に係る命令	6カ月以下の懲役又は50万円以下の罰金

　まず、ばい煙量又はばい煙濃度の排出基準の遵守（第13条第1項）に対して、罰則が定められています。これは、水質汚濁防止法の特定施設を設置する事業場に適用される排水基準の遵守についても同じです。

　騒音規制法などの場合、規制基準に違反しても罰則が適用されることはありません（p.43参照）。規制基準を超えたからといって、直ちに〝警察沙汰〟にはならないのです。市町村長の改善命令が出され、それでも命令に従わない場合に至ると、ようやく罰則が適用されるという間接罰の罰則方式なのです。

　これに対して、大気汚染防止法のばい煙量又はばい煙濃度の排出基準の遵守の場合、基準値を超えていれば直ちに検挙されるおそれがあるということです。さらに、過失の場合であっても、量刑は小さくなるものの、罰則そのものは科されるという厳しい内容となっています。

　基準値を下回る自主管理値を設定し、日ごろから測定をしっかり行い、基準

値超えをしないよう対応することが求められます。

同じ「届出」でも量刑が異なる

届出規定の罰則も興味深い内容になっています。

ばい煙発生施設の設置の届出（第6条第1項）や、ばい煙発生施設の構造等の変更の届出（第8条第1項）の義務に違反した場合、罰則が3カ月以下の懲役又は30万円以下の罰金となっています。

これに対して、氏名の変更等の届出（第11条）や承継の届出（第12条第3項）の義務に違反した場合は、10万円以下の過料にとどまっています。

しかも、条文を読み進めると、前者は、設置や構造等の変更の60日前の届出を義務付けているのに対して、後者は、事実が発生してから30日以内の届出を義務付けているにすぎません。

この差は、前者については公害発生のおそれがあるのに対して、後者については公害発生のおそれはなく、いわば事務的な手続きを定めたものだからと言えるでしょう。時折、届出義務を一律に捉えて、社内管理をしようとする企業がありますが、両者は異なるものなので注意したいものです。

土壌汚染対策法の規制と罰則

土壌汚染対策法の罰則についても簡単にまとめておきましょう。

土壌汚染対策法では、①土壌の特定有害物質による汚染状況の調査を義務付けるとともに、②その調査の結果、汚染が判明した場合、健康被害の防止措置をするために区域の指定等を行って管理することを義務付けています。

罰則についても、上記①及び②それぞれの場面において詳細な規定が設けられています。

例えば、上記①のうち、汚染調査の機会の一つとして、有害物質使用特定施設を廃止するときの汚染調査の義務があります。これは、基本的には、使用が廃止された有害物質使用特定施設に係る工場又は事業場の敷地であった土地の所有者等に対して、指定調査機関に汚染調査をさせて、その結果を都道府県知事に報告することを義務付けるものです（第3条第1項）。

この報告をせず、又は虚偽の報告をしたときは、都道府県知事は、その報告を行い、又はその報告の内容を是正すべきことを命ずることができます（第3

条第4項）。この命令に違反した場合、1年以下の懲役又は100万円以下の罰金に処するなどの罰則が適用されます。

上記②の場合についても、各場面に様々な罰則規定が整備されています。

例えば、要措置区域に指定されると、都道府県知事は、土地の所有者等に対して汚染除去等計画を作成し、これを提出すべきことを指示することになります（第7条1項）。指示を受けた者が汚染除去等計画を提出しないときは、都道府県知事は、汚染除去等計画を提出すべきことを命ずることができます（第7条第2項）。この命令に違反した場合、1年以下の懲役又は100万円以下の罰金に処するなどの罰則が適用されます。

この他、土壌汚染対策法では、汚染土壌処理業や指定調査機関などの規定があり、例えば、許可を受けずに汚染土壌の処理を業として行った場合に1年以下の懲役又は100万円以下の罰金に処するなどの罰則を整備しています。

大気汚染防止法の主な罰則

主な違反事項	罰則	条項
下記①～⑧の違反 ①ばい煙発生施設に係る計画変更等命令・措置命令 ②ばい煙の排出に関する改善命令、施設停止命令及び措置命令 ③揮発性有機化合物排出施設に係る計画変更等命令 ④揮発性有機化合物排出の改善命令・施設使用停止命令 ⑤特定粉じん発生施設に係る計画変更等命令 ⑥特定粉じん排出の改善命令・施設使用停止命令 ⑦水銀排出施設に係る計画変更等命令 ⑧水銀の排出に関する改善命令・施設使用停止命令	1年以下の懲役又は100万円以下の罰金	第33条
（1）　排出基準に適合しないばい煙・指定ばい煙の排出禁止違反	6カ月以下の懲役又は50万円以下の罰金（過失による違反の場合は3カ月以下の禁錮又は30万円以下の罰金）	第33条の2
（2）　下記①～⑤の違反 ①ばい煙発生施設等の事故時の措置命令 ②一般粉じん発生施設に関する基準適合等命令 ③特定粉じん排出等作業の方法に関する計画の変更命	6カ月以下の懲役又は50万円以下の罰金	

令 ④特定粉じん排出等作業基準への適合等命令 ⑤緊急時の措置命令		
（1）　下記①～⑦の届出義務違反（未届出・虚偽届出） ①ばい煙発生施設設置の届出 ②ばい煙発生施設の構造等の変更の届出 ③揮発性有機化合物排出施設設置の届出 ④揮発性有機化合物排出施設の構造等の変更の届出 ⑤特定粉じん排出等作業の実施の届出（災害その他の非常時の届出を除く） ⑥水銀排出施設設置の届出 ⑦水銀排出施設の構造等の変更の届出	3カ月以下の懲役又は30万円以下の罰金	第34条
（2）　下記①・②の違反 ①季節による燃料使用措置に係る燃料使用基準に適合しない場合の命令 ②指定地域における燃料使用措置に係る燃料使用基準に適合しない場合の命令		
（3）　特定建築材料の除去等の方法の規定に違反		
（1）　下記①～⑥の届出義務違反（未届出・虚偽届出） ①新たにばい煙発生施設に指定された既存施設の届出 ②新たに揮発性有機化合物排出施設に指定された既存施設の届出 ③一般粉じん発生施設設置の届出 ④一般粉じん発生施設の構造等の変更の届出 ⑤新たに一般粉じん発生施設に指定された既存施設の届出 ⑥新たに水銀排出施設に指定された既存施設の届出	30万円以下の罰金	第35条
（2）　下記①～④の制限規定違反 ①ばい煙発生施設設置等の実施制限 ②揮発性有機化合物排出施設設置等の実施制限 ③特定粉じん発生施設の設置等の実施制限 ④水銀排出施設の設置等の実施制限		
（3）　ばい煙量等又は水銀濃度の測定義務に違反して、記録をせず、虚偽の記録をし、又は記録を保存しなかったとき		
（4）　第18条の15第6項による事前調査結果の不報告・虚偽報告		
（5）　第26条による報告要求に対する不報告・虚偽報		

告、同条による立入検査の拒否・妨害・忌避		
従業者等が、その法人等の業務に関し、第33条〜第35条の違反行為をしたとき	行為者を罰するほか、その法人又は人に対して各本条の罰金刑（両罰規定）	第36条
下記①〜⑤の届出義務違反（未届出・虚偽届出） ①ばい煙発生施設に係る氏名等変更・施設廃止の届出 ②ばい煙発生施設に係る地位承継の届出 ③揮発性有機化合物排出施設に係る地位承継の届出 ④災害その他の非常時に緊急で行う特定粉じん排出等作業の実施の届出 ⑤水銀排出施設に係る地位承継の届出	10万円以下の過料	第37条

土壌汚染対策法の主な罰則

主な違反事項	罰則	条項
（1）　土壌汚染状況調査に関する命令違反 （2）　汚染除去等計画提出等命令違反 （3）　形質変更時要届出区域の土地形質変更の計画変更命令違反 （4）　汚染土壌搬出時基準適合等命令違反 （5）　運搬基準違反、汚染土壌処理業者に委託しないで汚染土壌の処理をした場合の措置命令違反 （6）　汚染除去等制限違反 （7）　要措置区域内の土地形質変更禁止違反 （8）　許可を受けずに汚染土壌の処理を業として実施 （9）　変更許可を受けずに汚染土壌の処理の事業を実施 （10）　不正の手段により（8）（9）の許可を受けた場合 （11）　名義貸し禁止に違反して、他人に汚染土壌の処理を業として行わせた場合	1年以下の懲役又は100万円以下の罰金	第65条
（1）　第3条1項ただし書の知事の確認を受けた土地の利用方法変更の届出義務違反 （2）　第3条1項ただし書の知事の確認を受けた土地の形質変更の届出義務違反 （3）　汚染土壌処理業の届出義務違反 （4）　土壌汚染のおそれがある土地の形質変更の届出義務違反 （5）　形質変更時要届出区域内の土地の形質変更の届	3カ月以下の懲役又は30万円以下の罰金	第66条

出義務違反 （6）　汚染土壌搬出の届出義務・届出事項変更の届出義務違反 （7）　汚染土壌運搬基準違反 （8）　汚染土壌処理業者への汚染土壌処理委託義務等違反 （9）　管理票に係る義務違反 （10）　実体のない虚偽管理票交付等禁止違反		
（1）　施行管理方針の確認を受けた土地の形質変更の届出義務違反 （2）　汚染土壌処理施設の記録義務違反 （3）　秘密保持義務に違反した指定支援法人の職員等 （4）　報告要求の拒否・虚偽報告、立入検査の拒否・妨害・忌避	30万円以下の罰金	第67条
従業者等が、その法人等の業務に関し、第65条〜第67条の違反行為をしたとき	行為者を罰するほか、その法人又は人に対して各本条の罰金刑（両罰規定）	第68条
（1）　汚染除去等計画に記載された措置の完了報告義務違反 （2）　形質変更時要届出区域指定時に既着手の土地形質変更の届出義務違反 （3）　非常災害時の応急措置としての形質変更時要届出区域内の土地形質変更の届出義務違反 （4）　非常災害時の応急措置としての汚染土壌搬出の届出義務違反 （5）　管理票交付者が管理票の写しの送付を受けない場合等の汚染土壌の運搬・処理状況の把握・届出義務違反 （6）　指定調査機関業務の廃止届出義務違反	20万円以下の過料	第69条

5 騒音規制法・振動規制法・悪臭防止法の罰則

騒音規制法・振動規制法の罰則（イメージ）

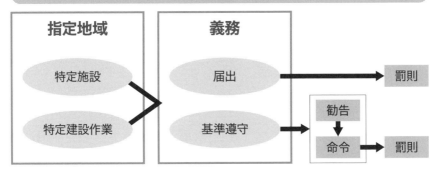

騒音規制法・振動規制法の規制と罰則

　騒音規制法と振動規制法は、双子の兄弟のような法律であり、規制対象や規制方式がほとんど同一とも言ってよいものです。工場・事業場における事業活動や建設工事に伴って発生する騒音や振動をそれぞれ規制しています。

　工場・事業場への規制では、都道府県知事等が定める指定地域において、「特定施設」を設置する場合に規制が適用されます。特定施設とは、騒音規制法であれば、7.5kW以上の空気圧縮機（コンプレッサー）等を指します。

　特定施設の設置・変更等の場面において、市町村長への届出が義務付けられています。また、規制基準を遵守しなければなりません。

　一方、建設作業への規制では、指定地域において、所定のくい打機等の建設作業をする場合、作業等の届出とともに、規制基準を遵守しなければなりません。

　これら二法の罰則規定では、届出義務規定への違反について罰則を設けています。また、規制基準を遵守せず、市町村長から発出される改善命令にも従わない場合に罰則を設けています。

改善命令違反に重い罰則

　二法の罰則規定を見ると、最も重い罰則は、市町村長による改善命令に違反した者に科されるものです。振動規制法の場合、1年以下の懲役又は50万円以下の罰金に処すると定めた規定があります。

　改善命令は突然発出されるものではなりません。このスタート地点は、規制基準の遵守義務規定となります。それに違反するおそれが出る場合、市町村長から改善勧告が出され、その改善勧告に従わない場合に改善命令が出されるというフローとなります。

　騒音規制法の場合、具体的には、次の流れを経て、罰則が適用されることになります。

改善命令違反に至る流れ（騒音規制法の場合）

（規制基準の遵守義務）
第5条　指定地域内に特定工場等を設置している者は、当該特定工場等に係る規制基準を遵守しなければならない。

（改善勧告及び改善命令）
第12条第1項　市町村長は、指定地域内に設置されている特定工場等において発生する騒音が規制基準に適合しないことによりその特定工場等の周辺の生活環境が損なわれると認めるときは、当該特定工場等を設置している者に対し、期限を定めて、その事態を除去するために必要な限度において、騒音の防止の方法を改善し、又は特定施設の使用の方法若しくは配置を変更すべきことを勧告することができる。

第12条第2項　市町村長は、第9条の規定による勧告を受けた者がその勧告に従わないで特定施設を設置しているとき、又は前項の規定による勧告を受けた者がその勧告に従わないときは、期限を定めて、同条又は同項の事態を除去するために必要な限度において、騒音の防止の方法の改善又は特定施設の使用の方法若しくは配置の変更を命ずることができる。

第29条　第12条第2項の規定による命令に違反した者は、1年以下の懲役又は10万円以下の罰金に処する。

本当の"罰則"は「地域住民とのトラブル」？

　こうした特定施設への基準遵守ができないために改善勧告、改善命令が出され、命令違反に罰則が適用されるという規制方式は、特定施設に限らず、特定建設作業の規制にも見られます。

　また、特定施設の設置や変更等、特定建設作業の実施等においては届出義務があり、未届などの場合に罰則が適用されます。

　騒音規制法や振動規制法の罰則は、大気汚染防止法や水質汚濁防止法と比べるとわかりやすいのですが、規制基準違反への直罰がなく、その意味では緩い規制とも言えるでしょう。

　しかし、だからと言ってこれら二法、特に騒音規制法を甘くみてはいけません。筆者がこれまで訪問してきた工場・事業所において最も操業に影響を及ぼしていたのは、この騒音問題だからです。

　工場・事業所の近隣に住宅地がある場合、近隣から騒音や振動の苦情が出され、トラブルになることが少なくありません。測定の結果、規制基準を超えていれば、それを基準値内に収めるために動くべきであることは言うまでもありません。

　問題は、規制基準の枠内の騒音や振動であるけれども、近隣からの苦情が絶えない場合です。そうしたとき、市町村が仲介に入ることも少なくありませんが、多くの場合、更なる削減努力を求められることでしょう。

　こうしたトラブルが原因で、工場の一部操業制限や工場移転に踏み切る企業も時折見かけるのです。

　その意味では、これら二法の運用を徹底することはもちろん、自主管理値の設定による騒音低減の取組み、地域とのコミュニケーション強化の取組みを行っていくことが求められています。

悪臭防止法の規制と罰則

　悪臭防止法は、都道府県知事等が定める規制地域に事業場を設置している者に対して、規制基準の遵守を義務付けています。

　騒音規制法や振動規制法と異なるのは、規制対象となる施設を設定していないことにあります。これに伴い、所定の施設を設置しようとする際の届出義務はありません。もちろん、届出違反の罰則もありません。

罰則は、第24条から第30条までありますが、一般の事業者に関わる規定は、第24条、第27条、第28条、第30条です。このうち、第30条は両罰規定ですので、実質的には3条があるのみです。

第24条の罰則に至る流れは、次の図表の通りです。

悪臭防止法の改善命令違反に至る流れ

第7条
　規制地域内に事業場を設置している者は、当該規制地域についての規制基準を遵守しなければならない。

第8条第1項
　市町村長は、規制地域内の事業場における事業活動に伴って発生する悪臭原因物の排出が規制基準に適合しない場合において、その不快なにおいにより住民の生活環境が損なわれていると認めるときは、当該事業場を設置している者に対し、悪臭原因物の排出を減少させるための措置を執るべきことを勧告することができる。

第8条第2項
　勧告を受けた者がその勧告に従わないときは、相当の期限を定めて、その勧告に係る措置を執るべきことを命ずることができる。

第24条
　措置命令に違反した場合、命令に違反した者は、1年以下の懲役又は100万円以下の罰金に処する。

第27条の罰則は、事故時の措置に関する罰則です。

規制地域内に事業場を設置している者は、当該事業場において事故が発生し、悪臭原因物の排出が規制基準に適合せず、又は適合しないおそれが生じたときは、直ちに、その事故について応急措置を講じ、かつ、その事故を速やかに復旧しなければなりません。この場合、この事業場の設置者は、直ちに、その事故の状況を市町村長に通報しなければなりません（第10条第1項、第2項）。

市町村長は、悪臭原因物の不快なにおいにより住民の生活環境が損なわれ、又は損なわれるおそれがあると認めるときは、この事業場の設置者に対し、引

き続く当該悪臭原因物の排出の防止のための応急措置を講ずべきことを命ずることができます（第10条第3項）。

　この命令に違反した者は、6カ月以下の懲役又は50万円以下の罰金に処することになります（第27条）。

　なお、第28条は、市町村長による報告徴収や立入検査を拒んだ場合などに適用される罰則です。

騒音規制法の主な罰則

主な違反事項	罰則	条項
市町村長による特定工場等に関する改善命令に違反した者	1年以下の懲役又は10万円以下の罰金	第29条
次に該当する者 ①特定施設の設置の届出をせず、若しくは虚偽の届出をした者 ②特定建設作業に関する改善命令に違反した者	5万円以下の罰金	第30条
次に該当する者 ①特定施設の数等の変更等の届出、特定建設作業の実施等の届出をせず、若しくは虚偽の届出をした者 ②市町村長への報告をせず、若しくは虚偽の報告をし、若しくは同項の規定による検査を拒み、妨げ、若しくは忌避した者	3万円以下の罰金	第31条
従業者等が、その法人等の業務に関し、第29・30・31条の違反行為をしたとき	行為者を罰するほか、その法人又は人に対して各本条の罰金刑（両罰規定）	第32条
特定施設の氏名の変更等の届出、地位承継の届出、災害等による緊急の特定建設作業の実施の届出をせず、又は虚偽の届出をした者	1万円以下の過料	第33条

振動規制法の主な罰則

主な違反事項	罰則	条項
市町村長による特定工場等に関する改善命令に違反した者	1年以下の懲役又は50万円以下の罰金	第24条

次に該当する者 ①特定施設の設置の届出をせず、若しくは虚偽の届出をした者 ②特定建設作業に関する改善命令に違反した者	30万円以下の罰金	第25条
次に該当する者 ①特定施設の変更等の届出、特定建設作業の実施等の届出をせず、若しくは虚偽の届出をした者 ②市町村長への報告をせず、若しくは虚偽の報告をし、若しくは同項の規定による検査を拒み、妨げ、若しくは忌避した者	10万円以下の罰金	第26条
従業者等が、その法人等の業務に関し、第24・25・26条の違反行為をしたとき	行為者を罰するほか、その法人又は人に対して各本条の罰金刑（両罰規定）	第27条
特定施設の氏名の変更等の届出、地位承継の届出、災害等による緊急の特定建設作業の実施の届出をせず、又は虚偽の届出をした者	3万円以下の過料	第28条

悪臭防止法の主な罰則

主な違反事項	罰則	条項
悪臭原因物の排出に係る市町村長の措置命令に違反した者	1年以下の懲役又は100万円以下の罰金	第24条
悪臭原因物の排出に係る市町村長の応急措置命令に違反した者	6カ月以下の懲役又は50万円以下の罰金	第27条
報告をせず、若しくは虚偽の報告をし、又は検査を拒み、妨げ、若しくは忌避した者	30万円以下の罰金	第28条
従業者等が、その法人等の業務に関し、第24条、第27条又は第28条の違反行為をした者	行為者を罰するほか、その法人又は人に対して各本条の罰金刑（両罰規定）	第30条

6 生活環境保全条例（公害関連）の罰則

生活環境保全条例（公害関連）の罰則（イメージ）

横出し規制

- 許可申請、届出 ➡ 罰則
- 規制基準 ➡ 罰則（直罰）
  - → 改善命令等 ➡ 罰則
- 測定 ➡ 罰則

上乗せ規制

- 大気汚染防止法の規制基準値に条例で上乗せ ➡ 大気汚染防止法の罰則
- 水質汚濁防止法の規制基準値に条例で上乗せ ➡ 水質汚濁防止法の罰則

生活環境保全条例（公害関連）の規制と罰則

　すべての都道府県には、公害防止条例や生活環境保全条例と呼ばれる条例があります。

　その具体的な内容は、罰則を含めて地方自治体によって様々ですが、一定の傾向を読み取ることはできます。公害防止の独自規制を中心に、地球温暖化や廃棄物、化学物質などの対策を盛り込んでいるものが一般的です。

　国の法令の場合、「大気汚染防止」は大気汚染防止法などで対応するなど、個別の環境テーマごとに主に一つの法令をつくっていますが、自治体の場合は、大気汚染を含む公害全般の規制などを一つの条例で定めているものがほとんどです（以上、環境条例の詳細については、拙著『企業担当者のための環境条例の基礎』（第一法規、令和3年）を参照）。

　そのため、罰則も様々な規制に対して定めているので国の法令よりも多い印象を与えます。しかし、罰則一つひとつを見ていくと、地方自治法により自治

体に与えられている量刑の範囲の中で、国の法令の罰則に準じた形で定められていると考えてよいように思います。

また、公害防止条例や生活環境保全条例の規制対象は、国の法律が規制対象としていないものとなります。一般に「横出し規制」と呼ばれるものです。

例えば、騒音規制法では、原動機の定格出力が原則7.5kW以上の空気圧縮機などを対象施設にして届出や規制基準遵守を義務付けています。これに対して、全国の条例では、3.75kW以上7.5kW未満の空気圧縮機を規制対象とし、騒音規制法と同等の規制措置を講じているものが多いようです。規制措置に違反した場合は、罰則が適用されることとなります。

愛知県生活環境保全条例における罰則

愛知県の生活環境保全条例である「県民の生活環境の保全等に関する条例」を例に、生活環境保全条例の罰則を見ていきましょう。

まず、愛知県条例の全体像（目次）は、次の通りです。公害対策を中心にしながらも、化学物質適正管理、事業活動及び日常生活に伴う環境への負荷の低減を図るための措置など、幅広いテーマを対象にしているのがわかります。

また、本条例の横出し規制の対象としては、例えば、本条例に基づく「ばい煙発生施設」として、本条例施行規則別表第1において、伝熱面積が8平方メートル以上のボイラーなど51施設となっています。

（愛知県）県民の生活環境の保全等に関する条例

目次

第1章　総則（第1条—第5条）

第2章　公害の防止に関する規制等

　第1節　ばい煙発生施設等に関する規制（第6条—第25条）

　第2節　大気指定工場等に関する総排出量規制（第26条—第35条）

　第3節　土壌及び地下水の汚染の防止に関する規制等（第36条—第45条の2）

　第4節　特定建設作業等に関する規制（第46条—第52条）

　第5節　地下水の採取に関する規制（第53条—第64条）

　第6節　悪臭の防止義務等（第65条）

　第7節　屋外燃焼行為に関する規制（第66条）

　第8節　化学物質の適正な管理（第67条—第71条）

第3章　事業活動及び日常生活に伴う環境への負荷の低減を図るための措置

　第1節　建築物に係る環境への負荷の低減（第72条—第75条の3）

愛知県生活環境保全条例のばい煙発生施設への罰則

　このうち、例えば、「ばい煙発生施設」の罰則規定を見てみると、国の大気汚染防止法の「ばい煙発生施設」の罰則規定と構成がほぼ同じであることがわかります（大気汚染防止法については、p.68の図表「大気汚染防止法のばい煙発生施設の義務規定と対応する罰則」参照）。

　ばい煙発生施設を設置しようとするときは、知事に届け出なければなりません（第7条第1項）。設置届出後も、構造等の変更の際には届出が義務付けられています（第9条第1項）。これらに違反した場合は、3カ月以下の懲役又は20万円以下の罰金に処する罰則があります。

　こうした届出があった場合、知事は60日以内にかぎり計画変更命令等を発出することができます（第10条）。これに違反した場合は、1年以下の懲役又は50万円以下の罰金に処する罰則があります。

　届出をした者は、60日を超えなければ設置や変更をしてはなりません（第12条第1項）。これに違反した場合は、20万円以下の罰金に処する罰則があります。

　設置者は、氏名等の軽微な変更や地位の承継を30日以内に届け出ることも義務付けられています（第13条第1項、第14条第3項）。これに違反した場合は、3万円以下の過料に処する罰則があります。

　さらに、ばい煙排出者は、そのばい煙量又はばい煙濃度が当該ばい煙発生施設の排出口において規制基準に適合しないばい煙を排出してはなりません（第15条第1項）。これに違反した場合は、6カ月以下の懲役又は30万円以下の罰金に処する罰則があります。過失の場合は、3カ月以下の禁錮又は20万円以下の罰金に処する罰則となります。

　また、知事は、ばい煙発生施設に係る改善命令等を発出できます（第19

条）。これに違反した場合は、１年以下の懲役又は50万円以下の罰金に処する罰則があります。

　ばい煙排出者は、ばい煙発生施設に係るばい煙量若しくはばい煙濃度を測定し、その結果を記録し、これを保存しなければなりません（第23条第１項）。これに違反した場合は、20万円以下の罰金に処する罰則があります。

　こうした規制法式と罰則の適用のされ方は、罰金が多少下がっているとはいえ、大気汚染防止法とほぼ同じと言ってよいでしょう。

　注目すべきなのは、規制基準への遵守義務違反に対して直罰を導入している点です。大気汚染防止法と同様に、過失であっても厳しく罰則を適用することとなっており、事業者にとっては、条例だからと言って軽く見てはいけないと言えます。

▍上乗せ規制には、法律の罰則を適用

　罰則の観点から見て、自治体の公害規制でユニークなものとして、上乗せ規制があります。

　これは、大気汚染や水質汚濁の防止のために、国が定める規制基準値に代えて、自治体が厳しい基準値を条例で設定するものをいいます。制定される条例の方式としては、上乗せ規制単独のテーマで制定されるものと、生活環境保全条例や公害防止条例の一部に組み込んで制定されるものに大別されます。

　例えば、富山県には、公害防止条例がありますが、それとは別に、「大気汚染防止法に基づく排出基準及び水質汚濁防止法に基づく排水基準を定める条例」を制定しています。

　この条例では、大気の排出基準については、例えば、有害物質である塩素の基準が大気汚染防止法では１㎥につき30mgと設定されているところを15mgに強化しています。また、水質の排水基準については、例えば、有害物質であるシアン化合物の基準が水質汚濁防止法では１ℓにつきシアン１mgと設定されているところを0.1mg（排出水の量10万㎥以上／日の工場等の場合）に強化しています。

　大気汚染防止法と水質汚濁防止法には、それぞれ次のような規定があり、法律の規制値に代えて、都道府県が設定した厳しい規制値を設定することを認め、条例の規制値がそのまま法律の規制値となります。つまり、条例の規制値に逸脱した場合は、法律の罰則の適用を受けることになるのです。

大気汚染防止法と水質汚濁防止法の上乗せ基準関連規定

法律	上乗せ基準関連規定
大気汚染防止法	第4条第1項 都道府県は、当該都道府県の区域のうちに、その自然的、社会的条件から判断して、ばいじん又は有害物質に係る前条第一項又は第三項の排出基準によつては、人の健康を保護し、又は生活環境を保全することが十分でないと認められる区域があるときは、その区域におけるばい煙発生施設において発生するこれらの物質について、政令で定めるところにより、条例で、同条第一項の排出基準にかえて適用すべき同項の排出基準で定める許容限度よりきびしい許容限度を定める排出基準を定めることができる。
水質汚濁防止法	第3条第3項 都道府県は、当該都道府県の区域に属する公共用水域のうちに、その自然的、社会的条件から判断して、第1項の排水基準によつては人の健康を保護し、又は生活環境を保全することが十分でないと認められる区域があるときは、その区域に排出される排出水の汚染状態について、政令で定める基準に従い、条例で、同項の排水基準にかえて適用すべき同項の排水基準で定める許容限度よりきびしい許容限度を定める排水基準を定めることができる。

生活環境保全条例（公害関連）の主な罰則
（愛知県「県民の生活環境の保全等に関する条例」）

主な違反事項	罰則	条項
ばい煙発生施設又は汚水排出施設に係る計画変更命令等、ばい煙発生施設に係る改善命令等、汚水排出施設に係る改善命令等に違反した者	1年以下の懲役又は50万円以下の罰金	第108条
①騒音発生施設又は振動発生施設に係る改善命令等に違反した者 ②許可を受けないで揚水規制区域内の揚水設備により地下水を採取した者 ③許可を受けないで揚水設備の所定の許可事項を変更した者	1年以下の懲役又は30万円以下の罰金	第109条
①ばい煙や排出水の規制基準遵守規定に違反した者 ②粉じん発生施設又は炭化水素系物質発生施設に係る基準適合命令等に違反した者	6カ月以下の懲役又は30万円以下の罰金	第110条第1項
過失により、第110条第1項①の罪を犯した者	3カ月以下の禁錮又は20万円以下の罰金	第110条第2項

ばい煙発生施設等の設置等の届出をせず、又は虚偽の届出をした者	3カ月以下の懲役又は20万円以下の罰金	第111条
①粉じん発生施設、炭化水素系物質発生施設、騒音発生施設、振動発生施設等の届出をせず、又は虚偽の届出をした者 ②ばい煙発生施設又は汚水排出施設に係る実施の制限の規定等に違反した者 ③ばい煙量等及び排出水の汚染状態の測定等の規定に違反して、記録をせず、虚偽の記録をし、又は記録を保存しなかった者 ④特定建設作業に係る改善命令等に違反した者	20万円以下の罰金	第112条
①粉じん発生施設、炭化水素系物質発生施設、騒音発生施設、振動発生施設の構造等の変更等の届出をせず、又は虚偽の届出をした者 ②知事への報告をせず、若しくは虚偽の報告をし、又は立入検査を拒み、妨げ、若しくは忌避した者	10万円以下の罰金	第113条
従業者等が、その法人等の業務に関し、第108条から第113条までの違反行為をしたとき	行為者を罰するほか、その法人又は人に対して各本条の罰金刑（両罰規定）	第114条
①氏名の変更等の届出をせず、又は虚偽の届出をした者 ②水量測定器を設置せず、又は揚水量の報告をせず、若しくは虚偽の報告をした者 ③特定化学物質等管理書を提出しなかった者	3万円以下の過料	第115条

7 廃棄物処理法の罰則

廃棄物処理法の罰則（イメージ）

排出事業者への規制

● 産業廃棄物保管基準 → 措置命令 ➡ 罰則

● 委託基準（許可業者への処理委託、所定の契約等）➡ 罰則

● マニフェスト（交付、所定事項記載、保存等）➡ 罰則

● 排出事業者への措置命令 ➡ 罰則

廃棄物処理業・廃棄物処理施設への規制

● 処理業の許可 ➡ 罰則

 → 事業停止命令・措置命令 ➡ 罰則

● 処理施設の許可 ➡ 罰則

 → 改善命令・一時使用停止命令 ➡ 罰則

● マニフェスト（回付、交付無しの引受等）➡ 罰則

共通

● 投棄禁止・焼却禁止（未遂を含む）➡ 罰則

※注：本法の罰則は広範囲に渡るが、かなり簡略化した。

廃棄物処理法の罰則強化の歴史

　「廃棄物の処理及び清掃に関する法律」（廃棄物処理法）は、環境法の中でも質量両面において罰則が厳しい法律です。実際に検挙される例も少なくなく（p. 2参照）、罰則の観点から言えば事業者が最も注意すべき法律と言えるでしょう。

　廃棄物処理法は昭和45年に清掃法を全部改正して登場してきた法律です。その後、何度も法改正を重ねられ、現在に至っていますが、それは罰則強化の歴史でもありました。

　昭和45年制定当時、産業廃棄物についてはすべての区域において不法投棄が

禁止されていたものの、一般廃棄物については市街地のみ不法投棄が禁止されていました。現在と比較すれば不法投棄の罰則も著しく軽く、5万円以下の罰金にとどまっていました。

　しかし、度重なる不法投棄の問題を前に、法改正が繰り返され、現在では、不法投棄をした個人に対して、5年以下の懲役若しくは1,000万円以下の罰金又はこの併科となり、さらに両罰規定として法人に対しては実に3億円以下の罰金となっています。

　罰則強化を含む近年の主な法改正は、次の図表の通りです。

近年の主な法改正と罰則

	廃棄物の適正処理	排出事業者責任と原状回復措置	罰則
平成9年改正	・許可の欠格用件を拡充（暴力団対策、黒幕規定） ・名義貸しの禁止	・全ての産業廃棄物についてマニフェスト使用の義務付け ・電子マニフェスト制度の創設 ・不法投棄された廃棄物の撤去命令の対象者を拡大（マニフェスト不交付・虚偽記載の排出事業者） ・都道府県知事等による原状回復の代執行の手続簡素化	・不法投棄を3年以下の懲役又は1,000万円（産廃・法人1億円）以下の罰金に引き上げ ・マニフェスト虚偽記載に係る罰則を創設（30万円以下の罰金）
平成12年改正	・許可の欠格要件に間接的に違反行為に関与した者、暴力団等である者、暴力団等によって支配されている法人等を追加	・排出事業者処理責任の徹底 ・マニフェストにより最終処分（再生を含む）がなされたことまで確認することを義務付け ・不法投棄された廃棄物の撤去命令の対象者を大幅に拡大（違法性のある一定の要件に該当する排出事業者、関与者等）	・不法投棄：5年以下の懲役又は1,000万円の以下の罰金に引き上げ ・廃棄物の野外焼却の禁止（不法焼却：3年以下の懲役又は300万円以下の罰金） ・無確認輸出等：3年以下の懲役又は300万円以下の罰金に引き上げ ・マニフェスト義務違反に係る罰則を創設（50万円以下の罰金）
平成15年	・廃棄物の疑いのあるものに係る立入検査・報告徴収権限の拡充	・事業者が一廃の処理を他人に委託する場合の基準を創設	・不法投棄及び不法焼却の未遂罪を創設 ・不法投棄：一廃・法人に

改正	・産廃について緊急時の国の立入検査・報告徴収権限の創設 ・許可の欠格要件に聴聞通知後に廃止の届出をした者を追加 ・特に悪質な業者について業・施設の許可の取消しを義務化		ついても1億円以下の罰金に引き上げ
平成16年改正	・産業廃棄物の不適正処理に係る緊急時における国の関係都道府県への指示権限の創設 ・指定有害廃棄物（硫酸ピッチ）の不適正処理禁止		・不法投棄等目的の収集運搬に対する罰則の創設 ・不法焼却：5年以下の懲役又は1,000万円（法人1億円）以下の罰金に引上げ
平成17年改正	・不正の手段により許可を受けた者を許可の取消事由に追加 ・欠格要件に該当した許可業者・施設設置者について届出の義務付け ・許可の欠格要件に暴力団員等によって支配されている個人を追加	・マニフェスト制度違反に係る勧告に従わない者についての公表・命令措置の導入 ・産業廃棄物の運搬又は処分を委託した者に対するマニフェスト保存の義務付け	・無許可営業・事業範囲変更等：法人重課（1億円）の創設 ・無確認輸出：5年以下の懲役又は1,000万円（法人1億円）以下の罰金に引き上げ、未遂罪・予備罪の創設 ・マニフェスト義務違反：6月以下の懲役又は50万円以下の罰金に引上げ
平成22年改正	・許可の欠格要件に係る規定の見直し：産業廃棄物処理法上、特に悪質な場合を除いて、許可の取消しが役員を兼務する他の業者の許可の取消しにつながらないように措置	・事業外保管届出制度の創設 ・建設工事に伴い生じる廃棄物の処理について、元請業者に処理責任を一元化	・不法投棄等：法人重課3億円以下の罰金に引き上げ ・事業外保管の事前届出違反、マニフェストの交付を受けない産業廃棄物の引き受け禁止違反等：6月以下の懲役又は50万円以下の罰金の追加 ・定期検査の拒否・妨害・忌避：30万円以下の罰金の追加 ・多量排出事業者の実施状況報告義務違反等：20万円以下の過料の追加

平成29年改正	・有害使用済機器の保管等届出制度の創設	・特別管理産業廃棄物の多量排出事業者に電子マニフェストの使用を義務付け	・マニフェスト義務違反：1年以下の懲役又は100万円以下の罰金に引上げ

出典 「廃棄物の不適正処理禁止」（東京都ウェブサイト）

https://www.kankyo.metro.tokyo.lg.jp/resource/industrial_waste/improper_handling/waste.html

▌罰則のデパート!?

　本章の末尾に掲載しているように、廃棄物処理法の主な罰則を見ると、実に多種多様な罰則が定められており、あたかも本法が「罰則のデパート」のように感じてしまいます。

　例えば、本法第25条第2項では、「前項第12号、第14号及び第15号の罪の未遂は、罰する。」と定め、不法投棄などの未遂罪を定めています。未遂であっても、5年以下の懲役若しくは1,000万円以下の罰金に処し、又はこれを併科する罰則が適用されるので、極めて重い罰則であることがわかるでしょう。

　この条文は、平成15年の法改正で追加されたものです。それまでは、不法投棄をしようとする者が、警察等の動きに気づいて直前にそれを取りやめた場合、不法投棄の罰則規定だけでは検挙できませんでした。そこで本条が追加されたわけです。

　ちなみに、刑法第44条では、「未遂を罰する場合は、各本条で定める。」と定めた上で、個々の未遂罪を定めています。例えば、第199条では、「人を殺した者は、死刑又は無期若しくは5年以上の懲役に処する。」と殺人罪を定めていますが、第203条において、「第199条及び前条の罪の未遂は、罰する。」と殺人未遂罪を定めています。

　廃棄物処理法においても、これと同様の規定を設けているのです。

▌不法投棄をしなくても、その目的で運べば重罪

　第26条第6号の条文も興味深い（？）ものです。

　「前条第1項第14号又は第15号の罪を犯す目的で廃棄物の収集又は運搬をした者」と定め、不法投棄などを目的に廃棄物の収集運搬をした者に対して、3年以下の懲役若しくは300万円以下の罰金に処し、又はこれを併科する罰則を

設けています。

　この犯罪は、犯罪構成要件上、故意のほかに一定の目的をもって行うものであり、目的犯と呼ばれるものです。

　本号は、平成16年の法改正で追加されました。前述したように、平成15年に不法投棄等の未遂罪が創設され、不法投棄をしようとする段階で検挙することができるようになったわけですが、この改正により、さらにその前の段階、すなわち不法投棄の目的のために収集運搬している時点で取り締まることができるようになったわけです。

　また、第27条では、「第25条第１項第12号の罪を犯す目的でその予備をした者は、２年以下の懲役若しくは200万円以下の罰金に処し、又はこれを併科する。」と定め、廃棄物の無確認輸出の予備罪を設けています。

　予備罪とは、特定の犯罪を実行する目的でその準備行為をする罪です。平成16年から続く中国への廃プラスチックの輸出停止などの問題を受け、廃棄物の無確認輸出を輸出通関手続等の段階で効果的に防止するために、平成17年の法改正により、無確認輸出に係る予備罪を設けました（なお、この際、その未遂罪も設けました）。

▌両罰規定の「法人重科」とは？

　本法にも両罰規定がありますが、他の環境法とは異なる面もあります（両罰規定の解説はp.33参照）。

　一般的な両罰規定の場合、個人に科される罰金と同額の罰金が法人にも適用されることになります。ところが、本法の場合、次の八つの罰則については、個人に科される罰金の額ではなく、一律で各３億以下となっています。いずれも個人には1,000万円以下の罰金なので、法人には30倍と高額に設定し、組織犯罪の抑止力を高めようとしているのです。

　このような法人の罰金額を加重することを「法人重科」といいます。

廃棄物処理法における両罰規定の法人重科の概要

主な違反事項	罰則
①許可を受けずに廃棄物の収集若しくは運搬又は処分を業として行った者	違反行為をした個人とは別に、法人等に３億円以下の罰金
②不正の手段により廃棄物処理業の許可を受けた者	
③事業範囲の変更許可を受けずに廃棄物の収集若しくは運搬又は処分の	

事業を行った者	
④不正の手段により事業範囲の変更の許可を受けた者	
⑤廃棄物を無確認輸出した者	
⑥廃棄物を不法投棄した者	
⑦廃棄物を違法に焼却した者	
⑧無確認輸出、不法投棄、違法焼却の未遂をした者	

　3億円以下の罰金になったのは、平成22年からです（平成22年法律第34号）。それまでの法人重科の罰金は1億円以下でした。不法投棄等の不適正処理が依然として多数発覚しており、その実行者の割合として排出事業者が48%を占めている状況を踏まえ、その対策の一つとして、不法投棄等への法人重科の罰金を引き上げたのです。

排出事業者への罰則規定

　ところで、本法では、廃棄物処理業や廃棄物処理施設を許可制としており、当然のことながら、そうした違反に対しても、厳しい罰則規定を設けています。

　例えば、無許可営業や許可事項の無許可変更、処理施設の無許可設置や許可事項の無許可変更をすれば、5年以下の懲役若しくは1,000万円以下の罰金又は併科という重い罰則規定があります。

　一方、本法では、廃棄物の処理については、排出事業者責任が原則となっており、特に産業廃棄物については、産業廃棄物保管基準、委託基準、産業廃棄物管理票（マニフェスト）の遵守規定が詳細に定められ、違反した場合の罰則規定も詳細に定められています。

　本書の読者の皆さんの多くが排出事業者であることを踏まえ、ここでは、特に排出事業者による産業廃棄物の処理（委託）に関する罰則を解説することにしましょう。

産業廃棄物保管基準と罰則

　排出事業者は、その産業廃棄物が運搬されるまでの間、産業廃棄物保管基準に従い、生活環境の保全上支障のないようにこれを保管しなければなりません

（本法第12条第2項）。

　具体的には、主に次のような基準が定められています（本法施行規則第8条）。

・周囲に囲い（保管する産業廃棄物の荷重が直接かかる構造である場合は、構造耐力上安全であるものに限る）が設けられていること。
・見やすい箇所に次に掲げる要件を備えた掲示板が設けられていること。
　①縦及び横それぞれ60センチメートル以上であること。
　②次に掲げる事項を表示したものであること。
　　・産業廃棄物の保管の場所である旨
　　・保管する産業廃棄物の種類（当該産業廃棄物に石綿含有産業廃棄物、水銀使用製品産業廃棄物又は水銀含有ばいじん等が含まれる場合は、その旨を含む。）
　　・保管の場所の管理者の氏名又は名称及び連絡先
・飛散、流出、地下浸透、悪臭の発散がないように措置を講じること。

　本条に違反した場合の直罰はありませんが、産業廃棄物保管基準が適用される者により、当該基準に適合しない産業廃棄物の保管が行われた場合、都道府県知事は、産業廃棄物の適正な処理の実施を確保するため、当該保管を行った事業者等に対し、期限を定めて、その保管の方法の変更その他必要な措置を講ずべきことを命ずることができます（本法第19条の3）。

　この改善命令に違反した場合は、3年以下の懲役若しくは300万円以下の罰金に処し、又はこれを併科にするという罰則があります（第26条第2号）。

　また、産業廃棄物保管基準に適合しない産業廃棄物の保管が行われた場合において、生活環境の保全上支障が生じ、又は生ずるおそれがあると認められるときは、都道府県知事は、必要な限度において、保管を行った者に対し、期限を定めて、その支障の除去等の措置を講ずべきことを命ずることができます（第19条の5第1項第1号）。

　この措置命令に違反した場合は、5年以下の懲役若しくは1,000万円以下の罰金に処し、又はこれを併科するという罰則があります（本法第25条）。

　このように、産業廃棄物保管基準違反について、直罰はないものの、違反した場合、本法で最も重い罰則が適用される設計になっていますので、やはり対応には十分の注意が必要と言えるでしょう。

委託基準と罰則①
～直罰もある委託基準違反

　排出事業者は、その産業廃棄物の運搬又は処分を他人に委託する場合には、その運搬については、許可を有する産業廃棄物収集運搬業者等に、その処分については許可を有する産業廃棄物処分業者等にそれぞれ委託しなければなりません（本法第12条第5項）。また、その産業廃棄物の運搬又は処分を委託する場合には、「政令で定める基準」に従わなければなりません（本法第12条第6項）。

　この「政令で定める基準」が一般に「委託基準」と呼ばれるものです。具体的には、委託する場合は、他人の産業廃棄物の処理を業として行うことができる者であって委託しようとする産業廃棄物の処理がその事業の範囲に含まれるものに委託することや、契約書を書面で行い、所定事項を記載し、契約終了後5年間保存することなどが詳細に定められています（本法施行令第6条の2）。

　委託基準に違反して、産業廃棄物の処理を他人に委託した者については、3年以下の懲役若しくは300万円以下の罰金に処し、又はこれを併科するという罰則が適用されます（本法第26条第1号）。

　つまり、前述した産業廃棄物保管基準とは異なり、委託基準の場合、直罰が適用されるという厳しい規制だという認識を持つべきだということです。

委託基準と罰則②
～排出事業者への措置命令違反の罰則もあり

　また、産業廃棄物処理基準に適合しない産業廃棄物の収集、運搬又は処分が行われた場合において、生活環境の保全上支障が生じ、又は生ずるおそれがあると認められるときは、都道府県知事は、許可を有する産業廃棄物処理業者に処理を委託しなかった者に対して、必要な限度において、期限を定めて、その支障の除去等の措置を講ずべきことを命ずることができます（第19条の5第1項第2号）。

　この措置命令に違反した場合は、5年以下の懲役若しくは1,000万円以下の罰金に処し、又はこれを併科するという罰則があります（本法第25条第1項第5号）。

さらに、許可業者に処理を委託している場合であっても、状況によっては、排出事業者に措置命令が発出される可能性もあります。

　産業廃棄物処理基準に適合しない産業廃棄物の収集、運搬又は処分が行われた場合において、生活環境の保全上支障が生じ、又は生ずるおそれがあり、かつ、次のいずれにも該当すると認められるときは、都道府県知事は、排出事業者等に対し、期限を定めて、支障の除去等の措置を講ずべきことを命ずることができます（本法第19条の6）。

①処分者等の資力その他の事情からみて、処分者等のみによっては、支障の除去等の措置を講ずることが困難であり、又は講じても十分でないとき。

②排出事業者等が当該産業廃棄物の処理に関し適正な対価を負担していないとき、当該収集、運搬又は処分が行われることを知り、又は知ることができたときその他排出事業者の注意義務等（第12条第7項等）の規定の趣旨に照らし排出事業者等に支障の除去等の措置を採らせることが適当であるとき。

　この措置命令に違反した場合は、5年以下の懲役若しくは1,000万円以下の罰金に処し、又はこれを併科するという罰則があります（本法第25条）。

マニフェストと罰則

　マニフェストについても、排出事業者は、産業廃棄物を処理業者に引き渡すごとにマニフェストを交付し、その処理状況を確認することが詳細に義務付けられていますが、罰則もその義務に対応して、詳細に定められています。

　マニフェストの交付義務違反、所定事項の記載義務違反（所定事項未記載又は虚偽記載の管理票の交付）、保存義務違反などに対して、1年以下の懲役又は100万円以下の罰金に処するという罰則があります。

　また、マニフェストの交付者は、環境省令で定める期間内に、マニフェストの写しの送付を受けないとき、これらに規定する事項が記載されていないマニフェストの写し若しくは虚偽の記載のあるマニフェストの写しの送付を受けたとき、又は処理困難通知を受けたときは、速やかに当該委託に係る産業廃棄物の運搬又は処分の状況を把握するとともに、環境省令で定めるところにより、適切な措置を講じなければなりません（本法第12条の3第8項）。

　都道府県知事は、排出事業者等がマニフェストの義務を遵守していないと認めるときは、これらの者に対し、産業廃棄物の適正な処理に関し必要な措置を

講ずべき旨の勧告することができます。また、勧告を受けた事業者等がその勧告に従わなかったときは、その旨を公表することができます。

　都道府県知事は、勧告を受けた事業者等が、公表された後において、なお、正当な理由がなくてその勧告に係る措置をとらなかったときは、当該事業者等に対し、その勧告に係る措置をとるべきことを命ずることができます（本法第12条の6）。

　この命令に違反した場合、1年以下の懲役又は100万円以下の罰金に処するという罰則があります（第27条の2第11号）。

廃棄物処理法の主な罰則

主な違反事項	罰則	条項
（1）　無許可（更新許可及び変更許可を含む。）での廃棄物収集運搬・処分業 （2）　廃棄物収集運搬・処分業の許可、更新許可又は変更許可の不正取得 （3）　廃棄物処理業の事業停止命令、措置命令違反 （4）　廃棄物処理業者等でない者への廃棄物処理委託 （5）　名義貸し禁止に違反して、他人に廃棄物処理を業として行わせる （6）　無許可で廃棄物処理施設を設置 （7）　廃棄物処理施設の設置許可の不正取得 （8）　無許可での廃棄物処理施設の変更 （9）　廃棄物処理施設の変更許可の不正取得 （10）　環境大臣の確認を受けないでする廃棄物の輸出又はその未遂 （11）　廃棄物処理業者以外等の者による廃棄物処理受託禁止違反 （12）　不法投棄又はその未遂 （13）　法定の除外事由に該当しない方法による廃棄物の焼却又はその未遂	5年以下の懲役若しくは1,000万円以下の罰金又はこの併科	第25条
（1）　廃棄物処理委託基準違反 （2）　再委託禁止違反 （3）　改善・措置命令違反 （4）　廃棄物の無許可輸入 （5）　輸入許可条件違反 （6）　不法投棄又は不法焼却を目的とする収集又は運搬	3年以下の懲役若しくは300万円以下の罰金又はこの併科	第26条

環境大臣の確認を受けないでする廃棄物の輸出の予備	2年以下の懲役若しくは200万円以下の罰金又はこの併科	第27条
（1）　産業廃棄物管理票（マニフェスト）の交付義務違反 （2）　マニフェストへの所定事項の記載義務違反 （3）　マニフェストの写しの送付義務違反 （4）　マニフェストの写しへの所定事項の記載義務違反 （5）　マニフェスト回付義務違反 （6）　マニフェスト保存義務違反 （7）　虚偽マニフェストの交付禁止規定違反 （8）　マニフェスト交付なしでの引受禁止規定違反 （9）　虚偽マニフェスト送付又は報告禁止規定違反 （10）　電子マニフェスト虚偽登録禁止規定違反 （11）　電子マニフェスト報告義務違反 （12）　措置命令違反	1年以下の懲役又は100万円以下の罰金	第27条の2
土地形質変更命令違反	1年以下の懲役又は50万円以下の罰金	第28条
（1）　欠格要件該当届出義務違反 （2）　非常災害一般廃棄物処理施設設置届出義務違反 （3）　事業場外保管届出義務違反 （4）　廃棄物処理施設使用前検査受検義務違反 （5）　非常災害に係る一般廃棄物処理施設の計画変更等の命令違反 （6）　処理困難通知義務違反 （7）　処理業廃止通知義務違反 （8）　処理業許可取消通知義務違反	6カ月以下の懲役又は50万円以下の罰金	第29条
（1）　帳簿備付・記載義務違反 （2）　帳簿保存義務違反 （3）　廃棄物処理業廃止・変更届出義務、廃棄物処理施設変更届出義務、廃棄物処理施設相続届出義務違反 （4）　廃棄物処理施設定期検査拒否、妨害、忌避 （5）　廃棄物処理施設等維持管理事項記録、備置き違反 （6）　産業廃棄物処理責任者設置、特別管理産業廃棄物管理責任者設置違反	30万円以下の罰金	第30条

（7）　有害使用済機器の保管・処分・届出違反 （8）　報告拒否、虚偽報告 （9）　立入検査拒否、妨害、忌避 （10）　廃棄物処理施設への技術管理者設置違反		
従業者等が、その法人等の業務に関し、以下の①～④の違反行為をしたとき ①第25条の違反事項欄の（1）・（2）（無許可（更新許可及び変更許可を含む。）での廃棄物収集運搬・処分業、廃棄物収集運搬・処分業の許可・更新許可・変更許可の不正取得） ②同（10）（環境大臣の確認を受けないでする廃棄物の輸出又はその未遂） ③同（12）（不法投棄又はその未遂） ④同（13）（法定の除外事由に該当しない方法による廃棄物の焼却又はその未遂）	行為者を罰するほか、その法人に対しても3億円以下の罰金（両罰規定）	第32条第1項第1号
従業者等が、その法人等の業務に関し、第25条第1項（第32条第1項第1号の場合を除く。）、第26条、第27条、第27条の2、第28条第2号、第29条又は第30条の違反行為をしたとき	行為者を罰するほか、その法人に対しても、各条に定める罰金刑（両罰規定）	第32条第1項第2号
（1）　非常災害時の事業場外保管実施届出義務違反 （2）　土地形質変更届出違反 （3）　多量排出事業者計画提出違反 （4）　多量排出事業者報告違反	20万円以下の過料	第33条

8 廃棄物対策条例の罰則

岩手県循環型社会形成条例の罰則（イメージ）

- ●県外産業廃棄物の搬入事前協議義務　──→（指導・助言）
- ●準多量排出事業者の産業廃棄物の減量等に関する計画　──→（指導・助言）
- ●再生資源利用認定製品の表示　（表示義務違反）　➡　罰則
- ●廃棄物等の適正保管等　──→　報告徴収・立入検査・措置命令　➡　罰則
- ●屋外に産業廃棄物を保管する場合の記録義務等　──→（指導・助言）
- ●搬入一時停止命令　➡　罰則
- ●建設資材廃棄物の適正処理　──→　措置命令　➡　罰則
- ●排出事業者の確認　──→（指導・助言）
- ●産業廃棄物管理責任者の設置　──→（指導・助言）
- ●不適正処理関与者への支障除去命令　➡　罰則
- ●廃棄物処理施設等の設置等事前協議　事前協議　──→（勧告・公表）
  - 構造基準遵守　──→　改善命令　➡　罰則
  - 維持管理　　　　──→　改善命令　➡　罰則
- ●報告徴収・立入検査　➡　罰則

廃棄物対策条例の規制と罰則

　廃棄物対策に関する条例は、全国各地で制定されています。名称は「廃棄物適正処理条例」、「産業廃棄物適正処理条例」、「循環型社会形成推進条例」など、様々です。また、生活環境保全条例の中で廃棄物対策を取り上げている場合もあります。本書では、とりあえずこれらを総称して「廃棄物対策条例」と呼びます。

　廃棄物行政の権限については、一般廃棄物が市町村、産業廃棄物が都道府県・政令市に概ね分かれるので、自治体はその権限に沿って条例を制定しています。

　一般の排出事業者にとって対応に抜け漏れの多い条例としては、都道府県・政令市が制定する産業廃棄物に関する条例が挙げられます。

　産業廃棄物をテーマとする廃棄物対策条例の内容も多種多様です。ここでは、他の廃棄物対策条例よりも規制項目が多い岩手県の条例を取り上げて、解説していきましょう。

岩手県の廃棄物対策条例の規制事項と罰則

　岩手県の廃棄物対策条例は、「循環型地域社会の形成に関する条例」という名称です。次の通り本則が第1条から第36条まである条例です。

循環型地域社会の形成に関する条例

目次

第1章　総則（第1条―第6条の3）

第2章　産業廃棄物の自県（圏）内処理の原則（第7条―第9条）

第2章の2　産業廃棄物の減量等に関する計画（第9条の2）

第3章　再生利用の促進（第10条―第12条）

第4章　優良な産業廃棄物処理業者の育成（第13条―第18条）

第5章　許可の取消し等の基準（第19条）

第6章　廃棄物等の適正処理の促進（第20条―第21条）

第7章　原状回復の確保等（第22条―第23条）

第8章　適正な廃棄物処理施設等の設置等（第24条―第30条）

第9章　雑則（第31条―第33条）

第10章　罰則（第34条―第36条）

附則

　このうち、「……しなければならない。」という表現を持つ義務規定らしい条文や知事の命令規定と、それらに対応する罰則を掲げると、次の図表の通りとなります。

岩手県「循環型地域社会形成条例」の義務規定と対応する罰則

条項	主な規制事項	罰則
第9条の2第1・2項	①準多量排出事業者（前年度発生量500ｔ以上）は、産業廃棄物減量計画を作成し、知事に提出しなければならない。 ②準多量排出事業者は、計画の実施状況を知事に報告しなければならない。	―
第11条第2項	何人も、再生資源利用認定製品以外の製品については、その表示又はこれと紛らわしい表示を付してはならない。	5万円以下の過料
第20条	①廃棄物等の保管等を行う者は、生活環境の保全上の支障が生じないよう適正に保管等を行わなければならない。 ②知事は、生活環境の保全上必要があると認めるときは、必要な限度において、報告徴収や立入検査等ができる。 ③知事は、保管等をしている者に、水質調査等の方法による調査を命ずることができる。 ④調査を行った者は、速やかに知事に報告しなければならない。 ⑤知事は、廃棄物等の保管方法の変更その他必要な措置を講ずべきことを命ずることができる。	①― ②5万円以下の過料 ③5万円以下の過料 ④5万円以下の過料 ⑤1年以下の懲役又は50万円以下の罰金
第20条の2	①屋外において産業廃棄物を保管する場合は、最大保管量の見込みを把握・記録しなければならない。 ②規則で定める量以上の場合、帳簿を備え、記載・保存しなければならない。	―
第20条の3第1項	知事は、廃棄物等の保管等又は放置がされている場所への廃棄物等の搬入の停止を命ずることができる。	1年以下の懲役又は50万円以下の罰金
第21条第2・4・5・6項	①建設リサイクル法の対象建設工事の元請業者は、発注者に対し、建設資材廃棄物の再生等について、書面を交付して説明しなければならない。 ②受注者又は自主施工者は、建設資材廃棄物の処理方法等について、知事に届け出なければならない（変更も同様）。 ③知事は、届出に係る事項が基準に適合しないと認めるときは、必要な措置を講ずべきことを命ずることができる。	①― ②― ③5万円以下の過料

第22条	①排出事業者等は、産業廃棄物の運搬又は処分を委託しようとするときは、受託者が適正処理能力を備えていることの確認（適正処理能力確認）を行い、その結果を記録しなければならない。 ②排出事業者等は、処分を1年以上継続して委託したときは、1年に1回以上、適正処理能力確認を行い、記録しなければならない。 ③排出事業者等は、処分を委託したときは、処分の状況を1年に1回以上実地に確認し、記録しなければならない。 ④排出事業者等は、不適正な処理が行われたとき等は、措置を講ずるとともに、知事に報告しなければならない。	―
第22条の2	①建設業、製造業等を営む事業者は、事業場ごとに、産業廃棄物管理責任者を置かなければならない。 ②産業廃棄物管理責任者は、産業廃棄物の発生抑制、適正な処理等について、必要な注意を行わなければならない。	―
第23条第1・3項	①収集又は運搬を行った者、中間処理を行った者、不適正処理者に土地を使用させた者は、不適正な処理が行われたこと等を知ったときは、知事等に報告し、必要な措置を講じなければならない。 ②知事は、不適正な処理を行った者などのみによっては、支障の除去等の措置を講ずることが困難な場合などは、①に掲げる者に対し、支障の除去等の措置を講ずべきことを命ずることができる。	①― ②1年以下の懲役又は50万円以下の罰金
第24条	①廃棄物処理施設等を設置し、譲り受け、又は借り受けようとする者は、あらかじめ、知事に協議しなければならない。 ②廃棄物処理施設等の変更をしようとする者は、あらかじめ、知事に協議しなければならない。 ③上記①②の者は、知事との協議に先立って、周辺の居住者等に対し、説明会の開催等を行わなければならない。	―
第28条	知事との事前協議が調った旨の通知を受けた者は、廃棄物処理施設等の工事に着手・休止・再開・廃止したときは、知事に届け出なければならない。	―
第29条	①廃棄物処理施設等の設置等を行う者は、施設等の構造の基準を遵守しなければならない。 ②知事は、廃棄物処理施設等の構造が、基準に適合し	①― ②5万円以下の

	ていないと認めるときは、設置等を行った者に対して、必要な改善を命ずることができる。	過料
第30条	①廃棄物処理施設等の設置等を行った者は、維持管理の基準に従い、当該廃棄物処理施設等の維持管理をしなければならない。	①―
	②知事は、廃棄物処理施設等の維持管理が、基準に適合していないと認めるときは、設置等を行った者に対して、必要な改善を命ずることができる。	②5万円以下の過料
	③一般廃棄物処理施設の設置者及び産業廃棄物処理施設の設置者は、事故防止等措置を講じておかなければならない。	③―
	④知事は、③の施設設置者が、事故防止等措置を講じていないと認めるときは、必要な措置を講ずべきことを勧告することができる。	④―
	⑤産業廃棄物処理施設の設置者は、周辺居住者等に対し、1年に1回以上、当該産業廃棄物処理施設の運営の状況について、説明会の開催等を行わなければならない。	⑤―
	⑥知事は、前項の説明が行われていないと認めるときなどは、当該産業廃棄物処理施設の設置者に対して、説明を適切に行うべきことを勧告することができる。	⑥―
	⑦知事は、勧告を受けた者がその勧告に従わないときは、その旨及びその勧告の内容を公表することができる。	⑦―
第31条	知事は、この条例の施行に必要な限度において、報告徴収及び立入検査をすることができる。	5万円以下の過料

　こうして本条例の義務規定等を見てみると、いかに規制的な条文が多いかがよくわかります。一方、罰則欄が「―」と記され、個々の規制事項に対応した罰則がないものも多くあることがわかります。

　これは本条例に限るものではなく、他の自治体の環境条例でもよく見かけるパターンです。

　もちろん、本条例では、第31条により、本条例の施行に必要な限度において、知事は報告徴収や立入検査を行うことは可能なので、対応しなければ、事実上の行政指導を受ける可能性はあります。

岩手県循環型社会形成条例の主な罰則

主な違反事項	罰則	条項
次の命令に違反した者 ①廃棄物等の適正保管等に関する知事の措置命令 ②知事の搬入一時停止命令 ③知事の支障除去等の措置命令	１年以下の懲役又は50万円以下の罰金	第34条
①認定製品以外の製品に認定製品の表示又はこれと紛らわしい表示を付した者 ②廃棄物等の適正保管等や報告徴収の規定による報告をせず、又は虚偽の報告をした者 ③廃棄物等の適正保管等や報告徴収の規定に基づく立入り、検査又は収去を拒み、妨げ、又は忌避した者 ④廃棄物等の適正保管等、建設資材廃棄物の適正処理、廃棄物処理施設等の構造、廃棄物処理施設等の維持管理の規定に基づく知事の命令に違反した者	５万円以下の過料	第35条
従業者等が、その法人等の業務に関し、第34・35条の違反行為をしたとき	行為者を罰するほか、その法人又は人に対して各本条の罰金刑又は過料（両罰規定）	第36条

9 プラスチック資源循環法の罰則

プラスチック資源循環法の罰則（イメージ）

プラスチック使用製品製造事業者等
- → プラスチック使用製品設計指針に即して設計（努力義務）
- ●認定プラスチック使用製品製造事業者等
  - → 報告徴収・立入検査 ➡ （違反）罰則

特定プラスチック使用製品提供事業者 ※ワンウェイプラスチック
- → 判断基準を勘案し排出抑制 ——→ （指導・助言）
- ●特定プラスチック使用製品多量提供事業者
  - → 判断基準に照らして著しく不十分
    - → 勧告 → 公表 → 命令 ➡ 罰則
  - → 報告徴収・立入検査 ➡ （違反）罰則

排出事業者
- → 判断基準を勘案し排出抑制 ——→ （指導・助言）
- ●多量排出事業者
  - → 判断基準に照らして著しく不十分
    - → 勧告 → 公表 → 命令 ➡ 罰則
  - → 報告徴収・立入検査 ➡ （違反）罰則

プラスチック資源循環法の規制と罰則

「プラスチックに係る資源循環の促進等に関する法律」（プラスチック資源循環法）が令和4年4月に施行されました。事業者規制の観点からみると、①プラスチック使用製品設計指針、②特定プラスチック使用製品（ワンウェイプラスチック）の使用の合理化対策、③排出事業者の排出抑制・再資源化の促進の措置が主な対策となります。

一つめのプラスチック使用製品設計指針の対策では、プラスチック使用製品

製造事業者等は、プラスチック使用製品設計指針に即してプラスチック使用製品を設計するよう努めなければならないと定めています。これは、努力義務規定であり、罰則もありません。

　ただし、プラスチック使用製品製造事業者等が、その設計するプラスチック使用製品の設計について、主務大臣の認定を受けた場合、主務大臣による報告徴収や立入検査が行われることがあり、それに違反したときには、30万円以下の罰金という罰則が適用されることになります。

ワンウェイプラスチックの多量提供事業者に厳しい措置

　二つめの特定プラスチック使用製品（ワンウェイプラスチック）の使用の合理化対策では、主務大臣が、特定プラスチック使用製品の使用の合理化の「判断の基準」を定めています。

　特定プラスチック使用製品提供事業者は、この判断基準に沿って取り組むことが求められ、主務大臣は、判断基準を勘案して、特定プラスチック使用製品の使用の合理化によるプラスチック使用製品廃棄物の排出の抑制について必要な指導及び助言をすることができます。

　特定プラスチック使用製品提供事業者一般に対してはこれ以上の措置は規定されていません。しかし、年5ｔ以上提供する特定プラスチック使用製品多量提供事業者に該当すると、判断基準に照らして著しく不十分であるときは、主務大臣は必要な措置をとるべき旨の勧告をすることができます。勧告に従わなかったときは、その旨を公表することができます。

　さらに、なお正当な理由がなくてその勧告に係る措置をとらなかった場合、特定プラスチック使用製品多量提供事業者に対し、その勧告に係る措置をとるべきことを命ずることができます。この措置命令に違反した場合には、50万円以下の罰金という罰則が適用されます。

多量排出事業者に厳しい措置

　三つめの排出事業者の排出抑制・再資源化の促進の措置では、主務大臣が、排出事業者（小規模企業者等を除く。以下同じ）がプラスチック使用製品産業廃棄物等の排出の抑制及び再資源化等を促進するために取り組むべき措置に関する「判断の基準」を定めています。

排出事業者は、この判断基準に沿って取り組むことが求められ、主務大臣は、判断基準を勘案して、プラスチック使用製品産業廃棄物等の排出の抑制及び再資源化等について必要な指導及び助言をすることができます。

　排出事業者一般に対してはこれ以上の措置は規定されていません。しかし、年250 t 以上プラスチック使用製品産業廃棄物等を排出する多量排出事業者に該当すると、判断基準に照らして著しく不十分であるときは、主務大臣は必要な措置をとるべき旨の勧告をすることができます。勧告に従わなかったときは、その旨を公表することができます。

　さらに、なお正当な理由がなく、その勧告に係る措置をとらなかった場合、多量排出事業者に対し、その勧告に係る措置をとるべきことを命ずることができます。この措置命令に違反した場合には、50万円以下の罰金という罰則が適用されます。

プラスチック資源循環法の主な罰則

主な違反事項	罰則	条項
①特定プラスチック使用製品多量提供事業者に対するプラスチック使用製品廃棄物排出抑制措置実施命令違反 ②多量排出事業者に対するプラスチック使用製品産業廃棄物等の排出抑制・再資源化等のための措置実施命令違反	50万円以下の罰金	第62条
①認定プラスチック使用製品製造事業者等が主務大臣の報告徴収による報告をせず、又は虚偽の報告をしたとき ②認定プラスチック使用製品製造事業者等が主務大臣の立入検査を拒み、妨げ、又は忌避したとき	30万円以下の罰金	第64条
①特定プラスチック使用製品多量提供事業者又は多量排出事業者が主務大臣の報告徴収に対して報告をせず、又は虚偽の報告をしたとき ②特定プラスチック使用製品多量提供事業者又は多量排出事業者が主務大臣の立入検査に対して検査を拒み、妨げ、又は忌避したとき	20万円以下の罰金	第65条
従業者等が、その法人等の業務に関し、第62条、64条、65条の違反行為をしたとき	行為者を罰するほか、その法人又は人に対して各本条の罰金刑（両罰規定）	第66条

10 各種リサイクル法の罰則

リサイクル関連法の罰則の例（イメージ）

食品リサイクル法

- 食品関連事業者　→　判断基準　→　（指導・助言）

    多量発生事業者　→　勧告、公表　→　措置命令　➡ 罰則

    　　　　　　　　→　報告　　　➡ 罰則

- 登録再生利用事業者　→　要件非適合等　→　（取消し）

    →　登録名称使用制限、登録変更・廃止届出、利用料金届出、標識設置義務

    ➡ 罰則

- 再生利用事業計画の認定業者　→　要件非適合等　→　（取消し）

    →　立入検査・報告　➡ 罰則

建設リサイクル法

解体工事業　　　→　登録・届出　➡ 罰則

事業停止命令　　　　　　　➡ 罰則

分別解体等の方法の変更等の命令　➡ 罰則

再資源化等の方法の変更等の命令　➡ 罰則

分別解体等の計画に関する命令　➡ 罰則

リサイクル法の全体像と罰則

　リサイクル関連の法律には、次のように、個別物品ごとに法律が制定されています。

リサイクル関連の法律

容器包装リサイクル法	容器の製造・容器包装の利用事業者による再商品化
家電リサイクル法	廃家電を小売店等が排出者より引取り
食品リサイクル法	食品の製造・加工・販売業者等が食品廃棄物等を再生利用等
建設リサイクル法	工事の受注者が建設廃材等の再資源化等
自動車リサイクル法	関係業者が使用済自動車の引取り、フロンの回収、解体
小型家電リサイクル法	使用済小型電子機器等を認定事業者等が再資源化

　個別物品の特性に応じて、それぞれのリサイクルを促す措置等を定めているので、その罰則の規定の仕方も多様です。

　ここでは、食品リサイクル法と建設リサイクル法の罰則を見ていきます。

食品リサイクル法の多量発生事業者への罰則

　「食品循環資源の再生利用等の促進に関する法律」（食品リサイクル法）は、食品関連事業者に対して、主務大臣が定める「判断基準」（平成13年財・厚・農・経・国・環省令4号）などに基づき、食品リサイクルに取り組むことを求めています。

　主務大臣は、食品循環資源の再生利用等の適確な実施を確保するため必要があると認めるときは、食品関連事業者に対し、この判断基準を勘案して、食品循環資源の再生利用等について必要な指導及び助言をすることができます。これ以上の命令や罰則などの規定はありません。

　一方、「食品廃棄物等多量発生事業者」への罰則規定はあります。「食品廃棄物等多量発生事業者」とは、食品廃棄物等を前年度100t以上発生させる食品関連事業者を指します。

　多量発生事業者は、毎年度、食品廃棄物等の発生量や再生利用等の取組状況を主務大臣に報告しなければなりませんが、この報告をせず、又は虚偽の報告をした場合は、20万円以下の罰金に処するという罰則があります。

　また、主務大臣は、多量発生事業者の取組みが判断基準に照らして著しく不十分であると認めるときは、必要な措置をとるべき旨の勧告をすることができます。この勧告に従わなかった場合はその旨を公表することもできます。

　公表された後において、なお、正当な理由がなくてその勧告に係る措置をと

らなかった場合で、食品循環資源の再生利用等の促進を著しく害すると認める
ときは、主務大臣は、その勧告に係る措置をとるべきことを命ずることができ
ます。この命令に違反した者は、50万円以下の罰金に処するという罰則があり
ます。

登録制度や認定制度に取消し規定や罰則規定を整備

　食品リサイクル法では、食品リサイクルの取組みを円滑に進めるための措置
を二つ定めています。

　一つは、食品循環資源の肥飼料化等を行う事業者についての登録制度を整備
し、登録を受けると、登録再生利用事業者になるというものです。

　もう一つは、再生利用事業計画の認定制度です。食品関連事業者が、肥飼料
等の製造業者や農林漁業者等と共同し、再生利用事業計画を作成・認定を受け
る仕組みもあります。

　登録再生利用事業者になると、一般廃棄物の収集運搬における荷卸し地の許
可が不要になり、再生利用事業計画の認定を受けると、認定を受けた計画の範
囲内において、一般廃棄物の収集運搬の許可が不要になります。

　こうした登録制度や認定制度の場合、登録や認定の要件等に適合しなくなっ
た場合は、主務大臣は取り消す権限があります。また、制度に基づく届出等の
規定に違反した場合には罰則が適用されます。

建設リサイクル法の罰則

　「建設工事に係る資材の再資源化等に関する法律」（建設リサイクル法）で
は、本法の対象となる工事の発注者又は自主施工者に対して、工事7日前まで
の都道府県知事等への届出義務を課しています。

　対象建設工事の発注者又は自主施工者が工事着手前又は変更の届出をせず、
又は虚偽の届出をした者には、20万円以下の罰金という罰則があります。

　また、都道府県知事は、届出があった場合、主務省令で定める基準に適合し
ないと認めるときは、届出者に対し、その届出に係る分別解体等の計画の変更
その他必要な措置を命ずることができます。この命令違反には、30万円以下の
罰金という罰則があります。

　工事の元請業者は、発注者へ対象建設工事の届出事項について書面で説明す

る義務があります。工事の受注者は、分別解体等で生じた特定建設資材廃棄物を再資源化しなければなりません。対象建設工事受注者又は自主施工者への分別解体等の措置命令違反や、対象建設工事受注者への再資源化等への措置命令違反には50万円以下の罰金という罰則が適用されます。

　さらに、元請業者は、再資源化等が完了したときは、発注者に書面で報告しなければなりません。また、実施状況の記録を作成・保存しなければなりません。これに違反して、記録を作成せず、若しくは虚偽の記録を作成し、又は記録を保存しなかった者に対しては、10万円以下の過料に処するという罰則があります。

　解体工事業者の登録制度も定めています。登録を受けずに解体工事業を営めば、1年以下の懲役又は50万円以下の罰金となります。

食品リサイクル法の主な罰則

主な違反事項	罰則	条項
食品廃棄物等多量発生事業者への措置命令違反	50万円以下の罰金	第27条
登録名称使用制限違反、登録変更・廃止届出違反、利用料金届出違反、標識掲示義務違反、登録再生利用事業者への立入検査・報告の拒否等	30万円以下の罰金	第28条
立入検査・報告の拒否等	20万円以下の罰金	第29条
従業者等が、その法人等の業務に関し、第27〜29条の違反行為をしたとき	行為者を罰するほか、その法人又は人に対して各本条の罰金刑（両罰規定）	第30条

建設リサイクル法の主な罰則

主な違反事項	罰則	条項
①解体工事業の登録義務違反 ②不正手段による解体工事業の登録・更新の登録の取得 ③解体工事業者への事業停止命令違反	1年以下の懲役又は50万円以下の罰金	第48条
①対象建設工事受注者又は自主施工者への分別解体等の措置命令違反 ②対象建設工事受注者への再資源化等への措置命令違反	50万円以下の罰金	第49条
①分別解体等の計画に関する命令違反 ②解体工事業の登録申請事項変更届出義務違反（未届出・虚偽届出）	30万円以下の罰金	第50条
①対象建設工事の発注者又は自主施工者が工事着手前又は変更の届出をせず、又は虚偽の届出をした者 ②解体工事業の登録の効力を失ったときの通知をしなかった者 ③技術管理者を選任しなかった者 ④報告徴収の規定による報告をせず、又は虚偽の報告をした者 ⑤解体工事業を営む者が立入検査を拒み、妨げ、若しくは忌避し、又は質問に対して答弁をせず、若しくは虚偽の答弁をした者 ⑥立入検査を拒み、妨げ、又は忌避した者	20万円以下の罰金	第51条
従業者等が、その法人等の業務に関し、第48条〜第51条の違反行為をしたとき	行為者を罰するほか、その法人又は人に対して各本条の罰金刑（両罰規定）	第52条
①再資源化等の実施状況の記録を作成せず、若しくは虚偽の記録を作成し、又は記録を保存しなかった元請業者 ②廃業等の届出を怠った解体工事業者 ③標識を掲げない解体工事業者 ④帳簿を備えず、帳簿に記載せず、若しくは虚偽の記載をし、又は帳簿を保存しなかった解体工事業者	10万円以下の過料	第53条

11 化審法の罰則

化審法の罰則（イメージ）

- 新規化学物質　→　事前審査　➡ 罰則

- 第一種特定化学物質（PCBなど）
  →　製造・輸入許可（原則禁止）➡ 罰則

- 優先評価化学物質　→　届出　➡ 罰則
  →　有害性調査指示　➡（違反）罰則

- 第二種特定化学物質、一般化学物質　→　届出　➡ 罰則

化審法の新規化学物質の審査と継続的管理で罰則

　「化学物質の審査及び製造等の規制に関する法律」（化審法）では、まず、上市する前に新規化学物質の事前審査を行う制度を整備しています。日本で新たに製造・輸入される化学物質（年間1 t超）について、事前に厚生労働大臣、経済産業大臣及び環境大臣（三大臣）に届出を行い、三大臣が規制対象か否かを審査します。判定が出るまでは原則として製造・輸入ができません。

　届出をせずに新規化学物質を製造し、又は輸入した者には、1年以下の懲役若しくは50万円以下の罰金に処し、又はこれを併科という罰則があります。

　本法では、上市後の化学物質についても継続的な管理措置を定めています。

　本法制定前に製造・輸入されていた既存化学物質を含む「一般化学物質」等について、年間1 t以上製造・輸入を行った場合などは、原則として届出義務があります。

　年間1 t以上の一般化学物質の製造又は輸入を行ったとき遅滞なく届出等を

せず、又は虚偽の届出等をした場合は、20万円以下の過料となります。

　国は優先的にリスク評価を行う物質を「優先評価化学物質」に指定します。リスク評価のために製造・輸入数量（実績）等の届出、情報提供、有害性等調査、有害性情報報告、取扱いの状況の報告等などの規定があります。

　優先評価化学物質の製造量又は輸入量の届出をしなかった場合、30万円以下の罰金となります。また、有害性情報の報告義務が生じたときにおいて、遅滞なく届出をせず、又は虚偽の届出をした場合は、20万円以下の過料となります。

第一種特定化学物質違反には重い罰則

　さらに、化学物質の性状等に応じて、主に次の規制があります。

　第一種特定化学物質（PCBなど）については、環境中への放出を回避し、製造・輸入を許可制としたうえで、原則それらを禁止しています。

　許可を受けずに第一種特定化学物質の製造・輸入をした者、政令で認められている用途以外に第一種特定化学物質を使用した者、第一種特定化学物質を使用している製品で政令で定めるものを輸入した者、許可製造者に対する事業停止命令に違反した者及びこれらの規定に違反して第一種特定化学物質の製造等を行った者に対する措置命令に違反した者について、3年以下の懲役若しくは100万円以下の罰金に処し、又はこれを併科するという極めて重い罰則を定めています。

　3年以下の懲役若しくは100万円以下の罰金に処せられ、又はこれを併科という罰則は、他の環境法の罰則と比べても、厳しい罰則と言えるでしょう。これは、第一種特定化学物質が、PCB（ポリ塩化ビフェニル）に代表されるような「難分解性」、「高蓄積性」及び「長期毒性（人又は高次捕食動物）」を有する化学物質であり、環境中に放出されると深刻な環境汚染を招くことを想定して定められたからだと思われます。

　監視化学物質については、使用状況等を詳細に把握し、製造・輸入量については届出制となっています。

　監視化学物質の製造量又は輸入量の届出をしなかった者について、30万円以下の罰金となります。

　第二種特定化学物質については、環境中への放出を抑制し、製造・輸入量の届出制を定めています。

第二種特定化学物質の製造量又は輸入量の届出をしなかった者について、30万円以下の罰金となります。

化審法の主な罰則		
主な違反事項	罰則	条項
①許可を受けずに第一種特定化学物質の製造・輸入をした者 ②政令で認められている用途以外に第一種特定化学物質を使用した者 ③第一種特定化学物質を使用している製品で政令で定めるものを輸入した者 ④許可製造者に対する事業停止命令に違反した者 ⑤第一種特定化学物質の使用制限に係る規定違反を行った者に対する措置命令に違反した者	３年以下の懲役若しくは100万円以下の罰金に処し、又はこれを併科	第57条
①事前届出をせず新規化学物質の製造・輸入をした者 ②事前審査の結果の通知を受けないうちに新規化学物質を製造・輸入した者 ③優先評価化学物質又は監視化学物質に係る有害性調査指示に違反した者 ④予定数量等の届出をせずに第二種特定化学物質の製造・輸入等を行った者	１年以下の懲役若しくは50万円以下の罰金に処し、又はこれを併科	第58条
①第一種特定化学物質の許可製造業者が許可を受けないで製造設備の構造又は能力を変更した者 ②第一種特定化学物質を業として使用する場合に事前届出をせず、又は虚偽の届出をした者 ③許可製造業者の製造設備及び届出使用者の使用の状況が技術基準に適合していない場合に発せられる改善命令の規定に違反した者	６カ月以下の懲役若しくは50万円以下の罰金に処し、又はこれを併科	第59条
①許可製造業者、届出使用者が帳簿を備えず、帳簿に記載せず、若しくは虚偽の記載をし、又は一定の定められた期間帳簿を保存しなかった者 ②優先評価化学物質、監視化学物質又は第二種特定化学物質の製造量又は輸入量の届出をせず、又は虚偽の届出をした者 ③報告徴収の規定に違反して報告せず、又は虚偽の報告をした者 ④立入検査、化学物質の収去を拒み、妨げ、若しくは忌避し、又は関係者の質問に対して答弁をせず、若しくは虚偽の答弁をした者	30万円以下の罰金	第60条

従業者等が、その法人等の業務に関し、次の規定の違反行為をしたとき ①第57条 ②第58条①、②、④ ③第58条③、第59条又は第60条	行為者を罰するほか、その法人に対して以下の①～③の罰金刑、人に対しては各本条の罰金刑（両罰規定） ①1億円以下の罰金刑 ②5,000万円以下の罰金刑 ③各本条の罰金刑	第61条
次の事項において、遅滞なく届出等をせず、又は虚偽の届出等をした場合 ①政令で定める数量以上の一般化学物質の製造又は輸入を行ったとき ②許可製造者が、氏名又は名称及び住所並びに法人にあっては、その代表者の氏名を変更したとき、事業所の所在地を変更したとき、製造設備の構造及び能力に関する軽微な変更をしたとき ③届出使用者が事業所の所在地、第一種特定化学物質の用途等を変更したとき ④許可製造業者、許可輸入者又は届出使用者に承継があったとき ⑤許可製造業者又は届出使用者が事業を廃止したとき ⑥第二種特定化学物質を製造若しくは輸入する者又は第二種特定化学物質使用製品を輸入する者が製造予定数量又は輸入予定数量を変更したとき ⑦有害性情報の報告義務が生じたとき	20万円以下の過料	第62条

12 化管法の罰則

化管法の罰則（イメージ）

- ●第一種指定化学物質等取扱事業者　→　届出　➡　罰則

- ●指定化学物質等取扱事業者　　　　→　報告　➡　罰則
  化学物質管理指針　　　　　　———————→　（責務）

　SDS交付　　　　　　　　　———————→　勧告・公表

化管法の規制と罰則

　「特定化学物質の環境への排出量の把握等及び管理の改善の促進に関する法律」（化管法／PRTR法）は、名称の通り、環境への排出量の把握等とともに（PRTR）、管理の改善の促進（SDS：安全データシート）を定めています。

　PRTRの対象事業者は、事業所ごとに、前年度の第一種指定化学物質の環境への排出量・移動量を把握し、都道府県経由で国（事業所管大臣）に届け出なければなりません。

　届出をせず、又は虚偽の届出をした者には、20万円以下の過料となります。

　SDSの対象事業者は、SDSの提供を行うことが義務付けられます。努力義務として、化管法ラベルによる表示を行うことも求められています。

　経済産業大臣が指定化学物質等取扱事業者に対し、その指定化学物質等の性状及び取扱いに関する情報の提供に関し報告をさせようとした場合において、報告をせず、又は虚偽の報告をした者には、20万円以下の過料となります。

　化管法の罰則は、以上の通りです。過料のみの罰則となっています。

化学物質管理指針への事業者の責務

　本法第3条では、化学物質管理指針の規定があり、それに基づき、「指定化学物質等取扱事業者が講ずべき第一種指定化学物質等及び第二種指定化学物質等の管理に係る措置に関する指針」（平成12年環境庁、通商産業省告示第1号）が定められています。指定化学物質等取扱事業者が化学物質の管理に関して一般的・業種横断的に講ずべきと考えられる事項をガイドラインとしてまとめたものであり、次のように、関連事業者にとっては重要な内容を含んでいます。

「指定化学物質等取扱事業者が講ずべき第一種指定化学物質等及び第二種指定化学物質等の管理に係る措置に関する指針」の構成

第一　指定化学物質等の製造、使用その他の取扱いに係る設備の改善その他の指定化学物質等の管理の方法に関する事項
　一　化学物質の管理の体系化
　（1）化学物質管理の方針
　（2）管理計画の策定
　（3）管理計画の実施
　　ア　組織体制の整備
　　イ　作業要領の策定
　　ウ　教育、訓練の実施
　　エ　他の事業者との連携
　（4）管理の状況の評価及び方針等の見直し
　（5）その他配慮すべき事項
　二　情報の収集、整理等
　（1）指定化学物質等の取扱量等の把握
　（2）指定化学物質等及び管理技術等に関する情報の収集
　三　管理対策の実施
　（1）設備点検等の実施
　（2）指定化学物質を含有する廃棄物の管理
　（3）設備の改善等による排出の抑制
　　ア　水及び土壌への浸透等の防止構造
　　イ　大気への揮発等による排出の抑制構造
　　ウ　排ガス処理設備又は排水処理設備の設置
　　エ　指定化学物質等の取扱いに係る施設及び設備の維持及び管理
　（4）主たる工程に応じた対策の実施
　　ア　貯蔵（入出荷、移送、分配を含む。）工程
　　イ　製造（反応、混合、熱処理等）工程

ウ　機械加工工程

　　　エ　脱脂工程及び洗浄工程

　　　オ　塗装工程、印刷工程及び接着工程

　　　カ　メッキ工程

　　　キ　染色工程及び漂白工程

　　　ク　殺菌工程及び消毒工程

　　　ケ　その他の溶剤使用工程

　　　コ　その他の燃焼工程

第二　指定化学物質等の製造の過程における回収、再利用その他の指定化学物質等の使
　　用の合理化に関する事項

　一　化学物質の管理の体系化、情報の収集、整理等

　二　化学物質の使用の合理化対策

　　(1)　工程の見直し等による使用の合理化

　　　ア　製品等の歩留まりの向上

　　　イ　代替物質の使用及び代替技術の導入

　　　ウ　回収及び再利用の促進

　　(2)　主たる工程に応じた対策の実施

　　　ア　貯蔵（入出荷、移送、分配を含む。）工程

　　　イ　製造（反応、混合、熱処理等）工程

　　　ウ　機械加工工程

　　　エ　脱脂工程及び洗浄工程

　　　オ　塗装工程、印刷工程及び接着工程

　　　カ　メッキ工程

　　　キ　染色工程及び漂白工程

　　　ク　殺菌工程及び消毒工程

　　　ケ　その他の溶剤使用工程

第三　指定化学物質等の管理の方法及び使用の合理化並びに第一種指定化学物質の排出
　　の状況に関する国民の理解の増進に関する事項

　　(1)　体制の整備

　　(2)　情報の提供等

　　(3)　国民の理解の増進のための人材の育成

第四　指定化学物質等の性状及び取扱いに関する情報の活用に関する事項

　　(1)　体制の整備等

　　(2)　情報の活用

　ただし、法令上は、この指針に関連した義務規定はなく、罰則もありませ
ん。

　本法第４条において、「指定化学物質等取扱事業者は、第一種指定化学物質

及び第二種指定化学物質が人の健康を損なうおそれがあるものであること等第2条第2項各号のいずれかに該当するものであることを認識し、かつ、化学物質管理指針に留意して、指定化学物質等の製造、使用その他の取扱い等に係る管理を行うとともに、その管理の状況に関する国民の理解を深めるよう努めなければならない。」と努力義務規定が設けられているにとどまっています。

事業活動の実情に沿って、指針を無視しない

しかし、努力義務であり、罰則規定がないからと言って、社内における環境法対応の対象から即座に外すことには慎重であるべきだと筆者は考えます。

例えば、第一・三(4)では、「主たる工程に応じた対策の実施」の一つとして、「貯蔵（入出荷、移送、分配を含む。）工程」が取り上げられ、次のように記述されています。

「指定化学物質を含む原燃料、製品等の貯蔵、移送又は分配を行う場合においては、貯蔵施設、移送設備等からの漏えい、飛散、揮発等による指定化学物質の環境への排出を抑制するため、貯蔵タンク等の施設及び設備の密閉化、物質の入出荷ロスの防止その他の必要な措置を講ずること。特に、揮発性が高い物質を取り扱う場合には、還流装置（ベーパーリターンライン）の設置、浮屋根式構造を有する貯蔵設備の設置その他の必要な措置を講ずること。」

一見したところ、化学物質を取り扱う事業者にとっては、常識的な対策だとは思います。しかし、一方で、移送設備からの漏えい事故などは生じることがありますし、筆者がこれまで工場・事業所の現場に入り、問題点として指摘してきた項目がそれなりに入っています。

仮に移送設備からの漏えい事故が生じたからといって、本法に基づいて改善命令が発出されたり、罰則が適用されたりすることはないとはいえ、環境汚染が生じ、かつ外部から見て対策がずさんであれば、大きな批判を浴びることになるのは必至です。

その意味では、少なくても指針の内容を確認し、社内の対応手順に落とし込むか否かの検討をすることは必要なことでしょう。

指針に化学物質災害対策が追加

令和4年11月4日、化学物質管理指針が改正されました。災害対策を化学物

質全体の対策の中に組み入れた点で注目されています。

　最近、大規模な地震や記録的な豪雨などが頻発し、それに伴い災害も頻発するようになりました。筆者は、環境コンサルタントの仕事をして20年が過ぎましたが、訪問する企業の工場や事業所が災害に巻き込まれる事例が年々増えてきていることを実感しています。そうした災害によって、工場等の施設等が破損し、化学物質が外部に流出したり、地下に浸透したりする事故も少なくありません。

　こうした状況と対策の必要性については、国の審議会においても認識されており、令和元年6月には、「今後の化学物質環境対策の在り方について（答申）」（中央環境審議会）にて、指定化学物質等取扱事業者と地方自治体との連携や、災害による被害防止に係る指定化学物質等取扱事業者の平時からの取組みを進める必要がある旨が取りまとめられました。

　今回の改正は、こうした動きを踏まえたものです。本指針への対応が求められる理由として、この点も挙げられると思います。

　改正の概要は、次の図表の通りです。

改正化学物質管理指針（令和4年11月改正、施行）における化学物質の災害対策
①地方自治体との連携 　指定化学物質等取扱事業者は、事業所における指定化学物質等の管理の状況について、所轄の地方自治体に適切な情報の提供を行うよう努める。
②災害による被害の防止に係る平時からの取組み 　指定化学物質等取扱事業者は、災害発生時における指定化学物質等の漏えいを未然に防止するため、具体的な方策を検討し、平時から必要な措置を講ずる。

▌SDS義務違反の公表規定にも注意

　SDSの提供義務については、本法第15条において、経済産業大臣は、SDSの規定に違反する指定化学物質等取扱事業者があるときは、必要な情報を提供すべきことを勧告することができ、その勧告に従わなかったときは、その旨を公表することができると定めています。

　ただし、それでも従わなかった場合の命令や命令違反の場合の罰則の規定は設けられていません。

　こうしたSDSの義務規定については、罰則等がないとはいえ、勧告・公表の措置がありますので確実な対応が求められます。

　仮に、指定化学物質等を提供する先の事業者に対して、SDSを交付せず、その性状及び取扱いに関する情報が伝わらない中で、相手先において環境汚染が生じた場合、その責任が問われることになるでしょう。行政からの勧告を無視し、会社名が公表されれば、社会的批判は免れなくなります。

　このように、本法では、命令規定や罰則規定が少ないものの、対象となる事業者には、責務規定を含む各種規定を遵守させることになる事実上の担保措置が備えられていると考えるべきです。

化管法の主な罰則

主な違反事項	罰則	条項
（1）　PRTRの届出をせず、又は虚偽届出をした者 （2）　経済産業大臣への報告をせず、又は虚偽報告をした者	20万円以下の過料	第24条

13 工場立地法の罰則

工場立地法の罰則（イメージ）

●特定工場

新設等の届出　➡　罰則

「工場立地に関する準則」（一定比率の緑地の確保等）

　　→　勧告　→　変更命令　➡　罰則

工場立地法の規制と罰則

工場立地法は、工場立地が環境の保全を図りつつ適正に行われるようにするため、工場立地の調査や緑地等の比率を定めている法律です。

具体的には、「特定工場」を立地しようとする事業者は、市町村へ届出を行うことが義務付けられています。届出後に、軽微な事項を除く届出事項を変更する場合も、変更の届出が義務付けられています。これに違反した場合は、6カ月以下の懲役又は50万円以下の罰金となります。

また、工場の敷地面積に対する生産施設や緑地等の面積の割合を定めた準則が公表されています。具体的には、「工場立地に関する準則」（平成10年大蔵省、厚生省、農林水産省、通商産業省、運輸省告示第1号）のことです。

届出内容が準則不適合の場合は、市町村から勧告、変更命令が行われることになります。具体的には次のような流れとなります。

変更命令違反に至る流れ

（勧告）
第9条　市町村長は、第6条第1項、第7条第1項又は前条第1項の規定による届出があつた場合において、その届出に係る事項（敷地面積又は建築物の建築面積の増加をすることにより特定工場となる場合に係る第6条第1項の規定による届出の場合には、当該増加に係る部分に限り、第7条第1項又は前条第1項の規定による届出の場合には、当該変更に係る部分に限る。以下同じ。）のうち第6条第1項第5号及び第6号の事項以外の事項が次の各号のいずれかに該当するときは、その届出をした者に対し、特定工場の設置の場所に関し必要な事項について勧告をすることができる。
　⑴　特定工場の新設又は第7条第1項若しくは前条第1項の規定による届出に係る変更（以下「新設等」という。）によつてその周辺の地域における工場又は事業場の立地条件が著しく悪化するおそれがあると認められるとき。
　⑵　特定工場の新設等をしようとする地域の自然条件又は立地条件からみて、当該場所を当該特定工場に係る業種の用に供することとするよりも他の業種の製造業等の用に供することとすることが国民経済上極めて適切なものであると認められるとき。
②　市町村長は、第6条第1項、第7条第1項又は前条第1項の規定による届出があつた場合において、その届出に係る事項のうち第6条第1項第5号の事項が第1号に該当し、又は同項第6号の事項が第2号に該当するときは、その届出をした者に対し、同項第5号又は第6号の事項に関し必要な事項について勧告をすることができる。
　⑴　第4条第1項の規定により公表された準則（第4条の2第1項の規定により市町村準則が定められた場合にあつては、その市町村準則を含む。）に適合せず、特定工場の周辺の地域における生活環境の保持に支障を及ぼすおそれがあると認められるとき。
　⑵　特定工場の設置の場所が指定地区に属する場合において、当該特定工場からの汚染物質の排出が当該指定地区において設置され又は設置されると予想される特定工場からの汚染物質の排出と一体となることによりその周辺の地域における大気又はその周辺の公共用水域における水質に係る公害の防止に支障を及ぼすおそれがあると認められるとき。
③　前2項の勧告は、第6条第1項、第7条第1項又は前条第1項の規定による届出のあつた日から60日以内にしなければならない。

（変更命令）
第10条　市町村長は、前条第2項の勧告を受けた者がその勧告に従わない場合において、特定工場の新設等が行われることにより同項各号に規定する事態が生じ、かつ、これを除去することが極めて困難となると認めるときは、その勧告を受けた者に対し、その勧告に係る事項の変更を命ずることができる。
②　前項の規定による命令は、当該勧告に係る届出のあつた日から90日以内にしなければならない。

（罰則）
第16条　次の各号の一に該当する者は、6月以下の懲役又は50万円以下の罰金に処する。
　⑴　（略）
　⑵　第10条第1項の規定による命令に違反した者

経済産業省ウェブサイトで公表されている『工場立地法解説』（p. 76）では、次の通り、罰則規定の趣旨を述べています。

　「本条以下の罰則は、工場立地法上の義務の違反に対して制裁を加えることによって法の実効性を確保することを直接の目的とするものであるが、同時に、これによって義務者に心理上の圧迫を加え、間接的に、義務の履行を確保し、未然に義務違反の事態を防止することをも目的としたものである。」

▌届出義務違反の罰則が重い理由

　本法の特定工場とは、比較的大きな工場となります。それに伴って、様々な設備があり、大気汚染防止法のばい煙発生施設や水質汚濁防止法の特定施設など、法的な規制が及ぶ設備を持つことが多いと言えるでしょう。

　ところが、次の図表の通り、本法第16条の届出義務違反の罰則規定を読むと、大気汚染防止法などの届出義務違反の罰則規定と比べて、軽微な変更届出を除くと、量刑が重いことに気づかされます。

　一般に、法秩序を維持するためには、量刑の重さについては、一つの法律の中でバランスが保たれたものにするとともに、他法令との比較においてもバランスが保たれる必要があります。その意味では、この工場立地法の届出義務違反への重い罰則には少々違和感があります。

工場立地法と大気汚染防止法の届出義務違反の罰則

届出事項	工場立地法	大気汚染防止法
設置・変更の届出	第16条　次の各号の一に該当する者は、6月以下の懲役又は50万円以下の罰金に処する。 (1) 第6条第1項、第7条第1項又は第8条第1項の規定による届出をせず、又は虚偽の届出をした者 (2) (略)	第34条　次の各号のいずれかに該当する場合には、当該違反行為をした者は、3月以下の懲役又は30万円以下の罰金に処する。 (1) 第6条第1項、第8条第1項、第17条の5第1項、第17条の7第1項、第18条の6第1項若しくは第3項、第18条の17第1項、第18条の28第1項又は第18条の30第1項の規定による届出をせず、又は虚偽の届出をしたとき。 (2) (以下略)
軽微な変更の届出	第20条　第12条又は第13条第3項の規定による届出をせず、又は虚偽の届出をした者は、10万円以下の過料に処する。	第37条　第11条若しくは第12条第3項(これらの規定を第17条の13第2項、第18条の13第2項及び第18条の36第2項において準用する場合を含む。)又は第18条の17第2項の規定による届出をせず、又は虚偽の届出をした者は、10万円以下の過料に処する。

　また、筆者を含めて、企業実務の現場にいる者の感覚としては、大気汚染防止法のほうが工場立地法よりも厳しい規制をしていると映るので、この工場立地法の罰則の重さにはやはり意外に思うのです。

　この点について、前出の『工場立地法解説』(p.77)では、次のように述べています。

　「本条の規定により、届出義務違反に対する罰則は、変更命令違反の場合とならんで本法中最高の罰則が課せられることになっている。

　届出違反の罰則は、本法が立地段階の入口規制であり、状態規制が後に控えている公害関係法等と異なり、入口で規制を逃れようとする者は絶対許せないため、罰則を格段に強化し、最高の罰則である命令違反の場合とあわせたものである。」

　つまり、大気汚染防止法の場合が、ばい煙発生施設について規制基準を遵守して操業されているかどうかをチェックするという「状態規制」であるのに対

して、工場立地法の場合は、緑地等の比率をあらかじめ確保したうえで工場を立地させようという「入口規制」なので、その「入口」となる届出義務をしっかり守らせるという趣旨なのでしょう。

▎緑地等の比率変化への対応手順に注意

筆者は、工場立地法の適用を受ける特定工場を訪問する機会がしばしばあります。これまで本法に基づく届出違反や市町村の命令の発出などの事態に直面したことはありませんでしたが、時折、生産施設の面積や緑地等の比率が法定の比率からみて逸脱しているにもかかわらず、行政に報告等をしていないケースや、法定の比率以内であるとしても比率を変更していることを届出していないケースなどに遭遇することがあります。

これらは、いずれも本法に違反するものであり、それぞれに罰則規定も整備されているものです。変化が生じる場合に本法を遵守できるよう社内手順を整えるべきでしょう。

工場立地法の主な罰則

主な違反事項	罰則	条項
（1） 特定工場の新設等の届出義務違反（未届出、虚偽届出） （2） 特定工場の新設等の届出に対する市町村長の命令違反	6カ月以下の懲役又は50万円以下の罰金	第16条
特定工場の新設等の届出受理後90日経過前の新設等の禁止違反	3カ月以下の懲役又は30万円以下の罰金	第17条
工場立地に関する調査で経済産業大臣から求められた報告をせず、又は虚偽の報告をしたとき	20万円以下の罰金	第18条
従業者等が、その法人等の業務に関し、第16～18条の違反行為をしたとき	行為者を罰するほか、その法人又は人に対して各本条の罰金刑（両罰規定）	第19条
氏名等変更の届出義務・承継届出義務違反（未届出・虚偽届出）	10万円以下の過料	第20条

おわりに　〜さらに深く知りたい方へ

　企業実務の立場から環境法についてさらに詳しく知りたい方に、環境法の書籍をいくつかご紹介します。

■環境法の基礎、対応方法を押さえたい

　企業関係者向けの入門書として、手前味噌で恐縮ですが、筆者の『図解でわかる！環境法・条例―基本のキー（改訂2版）』（第一法規・令和4年）があります。

　また、企業が環境法に対応する仕組みや課題などをまとめた筆者の『企業と環境法―対応方法と課題』（法律情報出版・平成30年）があります。

　環境法の研究者が主に学生向けにまとめた入門書として、北村喜宣氏（上智大学法学部教授）の『プレップ環境法＜第2版＞』（弘文堂・平成23年）や『環境法　第2版』（有斐閣・平成31年）があります。

　北村氏の『企業環境人の道しるべ―より佳き環境法のための50の視点―』（第一法規・令和3年）もおすすめです。本書の中でも紹介したように、企業で違反があったときに逮捕されるのは具体的に誰なのかなど、企業関係者が気になる環境法のテーマのエッセイです。

■環境法の実務知識を得たい

　筆者も執筆に参加している『ISO環境法クイックガイド』（第一法規・毎年刊行）があります。約80の環境法の遵守事項を一覧化した本です。

　鈴木敏央氏の『新・よくわかるISO環境法（改訂第17版）―ISO14001と環境関連法規』（ダイヤモンド社・令和4年）は、初版が平成11年に刊行されて以来、最も企業関係者に広く読まれている企業向け環境法の単行本です。

■環境法学について深く学習したい

　環境法について、その課題も含めて深く学習してみたい方には、北村氏の『環境法＜第5版＞』（弘文堂・令和2年）や大塚直氏（早稲田大学法学部教授）の『環境法BASIC（第3版）』（有斐閣・令和3年）などがあります。いずれも、大学の法学部などで専門的に環境法を学ぶ際の標準テキストとして利用されています。

著者紹介

安達　宏之（あだち　ひろゆき）

　有限会社　洛思社　代表取締役／環境経営部門チーフディレクター

　2002年より、「企業向け環境法」「環境経営」をテーマに、洛思社にて環境コンサルタントとして活動。執筆、コンサルティング、審査、セミナー講師等を行う。
　ほぼ毎週、全国の様々な企業を訪問し（リモートを含む）、環境法や環境マネジメントシステム（EMS）対応のアドバイスやシステム構築・運用に携わる。セミナーでは、2007年から、第一法規主催などの一般向けセミナーや個別企業のプライベートセミナーの講師を務める（2022年12月時点で総計724回）。

　ISO14001主任審査員（日本規格協会ソリューションズ嘱託）、エコアクション21中央事務局参与・判定委員会委員・審査員、環境法令検定運営委員会委員。
　上智大学法学部「企業活動と環境法コンプライアンス」非常勤講師、十文字学園女子大学「多様性と倫理」非常勤講師なども務める。

　著書に、『図解でわかる！環境法・条例―基本のキー（改訂２版）』（第一法規・2022年）、『企業と環境法―対応方法と課題』（法律情報出版・2018年）、『生物多様性と倫理、社会』（法律情報出版・2020年）、『企業担当者のための環境条例の基礎―調べ方のコツと規制のポイント―』（第一法規・2021年）、『ISO環境法クイックガイド』（第一法規・共著・年度版）、『クイズで学ぶ環境コンプライアンス』（第一法規・共著・2012年）、『通知で納得！条文解説　廃棄物処理法』（第一法規・加除式）、『業務フロー図から読み解く　ビジネス環境法』（レクシスネクシス・ジャパン・共著・2012年）などがある。

　執筆記事に、「EMSを課題解決のコアに据える〜サステナブルな経営へ」（『アイソス』システム規格社・2022年〜2023年連載）、「環境法令が基礎からわかる！」（『アイソス』・2017年連載）、「企業の環境法対応の在り方」（『会社法務Ａ２Ｚ』第一法規・2015年５月）、「ISO14001改訂版と現行版との差分解説」（『標準化と品質管理』日本規格協会・2015年５月・共著）、「温暖化・エネルギー対策条例の動向と課題」（田中充編『地域からはじまる低炭素・エネルギー政策の実践』ぎょうせい・2014年）、「環境条例を読む」「東京都の環境規制」（以上、『日経エコロジー』日経BP社・2008年連載）、「ISO14001改正のポイント」「ここに注目！環境法」「環境法こんなときどうする？」（以上、大栄環境グループウェブサイトにて連載）など多数。

サービス・インフォメーション
------ 通話無料 ------
①商品に関するご照会・お申込みのご依頼
　　　　TEL 0120 (203) 694／FAX 0120 (302) 640
②ご住所・ご名義等各種変更のご連絡
　　　　TEL 0120 (203) 696／FAX 0120 (202) 974
③請求・お支払いに関するご照会・ご要望
　　　　TEL 0120 (203) 695／FAX 0120 (202) 973

●フリーダイヤル（TEL）の受付時間は、土・日・祝日を除く
　9:00～17:30です。
●FAXは24時間受け付けておりますので、あわせてご利用ください。

罰則から見る環境法・条例
―環境担当者がリスクを把握するための視点―

2023年2月15日　初版発行

著　者　　安　達　宏　之

発行者　　田　中　英　弥

発行所　　第一法規株式会社
　　　　　〒107-8560　東京都港区南青山2-11-17
　　　　　ホームページ　https://www.daiichihoki.co.jp/

デザイン　　タクトシステム株式会社
印　刷　　法規書籍印刷株式会社

罰則環境法　ISBN 978-4-474-07937-3　C2036　(6)